叢書・ウニベルシタス　936

自然界における両性

雌雄の進化と男女の教育論

アントワネット・ブラウン・ブラックウェル
小川眞里子／飯島亜衣 訳

法政大学出版局

Antoinette Brown Blackwell
The Sexes throughout Nature
Published in 1875 by G. P. Putnam's Sons, New York

アントワネット・ブラウン・ブラックウェル，1870年ごろ
（courtesy of Schlesinger Library, Radcliffe College［Blackwell Collection］）

はしがき

本書冒頭の主論文「性と進化」とむすびの「科学による試み」は、このたびの出版ではじめて公にしたものである。

短い論文のうち、「いわゆる成長と生殖の対立」は『ポピュラー・サイエンス・マンスリー』ではじめて発表し、そのほかは、『ウーマンズ・ジャーナル』の各号に初出掲載されたもので、今回多少の修正と改訂をおこなった。

テーマが密接に関係したこれらの論文は、すべて批判的枠組みのもとに書かれている。偉大な名前で知られる紳士たちの地位は、絡みつく蔦《つた》に対する樫の木のように論じられ[1]、彼らの名前は、大きな広がりをもつ論題にすぐれた支柱の役目を果たすものである。さらに言えるのは、創り上げるよりも壊すほうが容易であるが、私としてはその両方で何かを成しえたいと、この論題に真剣に取り組んできた。

多くの女性が、自分たちの財産や子ども、政治的および個人的権利に不当に干渉してくる法律や慣習の重荷に、耐え難さを感じてきている。私もこれに共感をおぼえる。女性の知性は、制限や禁止というかたちを超えて、きわめて巧妙なやりかたで締め出され、人間研究というもっとも高度に進んだ研究分野に立ち入らないようにされてきていることを、私は心の奥深くでしみじみと感じている。しかし、そこでひとつの問題［女性の地位に関する問題］が提起される。それは一般に受け入れられた伝統の保護から脱して、むしろ予期せぬかたちで、純粋に科学的な評価や解決へと押し出されている。科学の分野で名の通ったもっとも偉大な人物のなかには、研究対象としてこの問題をすでに取り上げている人もいるが、彼らの結論はとうてい満足できるものではない！

いかに男性の能力が優れ、機会に恵まれ、科学における地位を確立していようとも、女性の通常の能力と機能に関係する研究分野において、不利なのは男性側である。それ以外の分野では、女性が研究をおこない権威をもって説明をするという思いきったことはできないかもしれないが、この論題に関しては、女性のほうがキリスト教世界でもっとも賢明な男性よりも優れている。外側からおこなわれるどのような観察よりも、当事者の経験のほうがはるかに重みがあるからで、このテーマについて、われわれ女性には丁寧に意見を聴いてもらう資格があるのは明らかである。

こうした信念をもって、私はこれらの論文をやや断片的なかたちではあるが公表した。それには、植物のなかのもっとも初期の始まりから、現在のように複雑に発達した女性にいたるまで、女性の本質について新たに科学的評価をしていく萌芽となるものがあると信じている。おそらく多くの点で十分とは言えないであろうし、重要ないくつかの点で誤りが判明してしまうかもしれない。けれども、これらを最初に書いたときの断片的なままの状態で出版したのは、体系的な校正をおこなう手間を省きたかったからではなく、このほうが一般読者にわかりやすいだろうと確信するからである。ところどころ繰り返しはあるが、その箇所ごとに何か新たな表現で主題が示されていると思う。それぞれの考察は短いものである。今後さらに多くの事実が出てきて、主要な見解の証拠として新たに加わっていくかもしれない。しかし、本書はこのままで十分な内容になっていることだろう。

思考のすべての道筋というのは、ほかの推論と同じように、関連する事実の蓄積によって検証されるべきものであり、それによって誤りが露呈するかもしれないし、あるいは最終的な正当性を勝ちえることになるかもしれない。

著　者

目　次

自然界における両性

——雌雄の進化と男女の教育論

凡　例

一、本書は、Antoinette Brown Blackwell, *The Sexes throughout Nature*, New York: G. P. Putnam's Sons, 1875 の全訳である。邦訳にあたっては、リプリント版（Westport, Con.: Hyperion Press, Inc., 1976）を使用した。
一、訳文中の（　）は原著者によるものである。
一、原文中の（　）、――については、一部取り外して訳出した。
一、原文中の引用符は「　」で括り、大文字で記された文字についても「　」で括った箇所がある。
一、原文中でイタリック体で記された箇所は、原則として傍点を付したが、一部「　」で括った箇所がある。
一、訳者が補足した語句等は［　］で示した。
一、原著は脚註方式がとられているが、邦訳では（1）というかたちで番号を記し、巻末にまとめて掲載した。
一、訳註については、一部は文中に［　］で括って挿入した。また、最低限必要と思われる用語等には［1］というかたちで通し番号を付し、簡単な説明を原註のあとに続けて掲載した。
一、引用文献中で邦訳のあるものは適宜参照したが、訳文は必ずしもそれに拠らない。
一、原著の明らかな間違いや体裁の不統一については、訳者の判断で整理した箇所がある。
一、索引は訳者のほうで新たに作成した。

性と進化

論　旨

本書の中心となっている理論とは、下等生物から高等生物にいたるまで、同じ水準で比較すればつねに、それぞれの種の雌雄はまったくの等価だということである。つまり、発達やすべての通常の力［エネルギー］の相対量が等しいということであり、それらはまったく同じではない。これは、事実という純然たる論拠にもとづいて決めるべき仮説である。

もし、雌の本能や性向という特別な類のものが、一生のあらゆる段階で雄の特徴に対応した公平な埋め合わせになっているとしたら、これこそが科学研究の主題である。それは純粋に量の問題であり、異なってはいるが正確に測定可能な項目を比較するという問題である。それはまた、いつかは実験によって判断が下され、厳密な数学的検証によって解決されるものであろう。われわれは鉛と太陽光線を同じ秤では測らないが、「学者」と呼ばれる人びとは何か重さ以外の基準で、それらの等価な力を測ろうとする。かりに、動物の平均的な雌は同型の平均的な雄と比べて、分化した特質の総計が生まれつき等価だとするならば、科学はこの問題にしっかりと注意を向け、適切な検証をおこなうことによって、この事実を論議するまでもなく証明できるだろう。

あるいは、かりにあらゆる点で雄のほうが優れているという考えが浸透しているとしても、やがて真実は誰も反対できないほど慎重で厳密な計算にもとづくものであることを、科学が明らかに断定できるはずだ。

しかしながら、この問題がたしかな決着を迎えるにはほど遠い。未検証のデータから導かれる推論によって、両面が考えられるからである。

また、この問題は進化論という仮説に依拠しておらず、その仮説のいかなる面にもけっしてもとづいてはいない。雄と雌のヒョウを身体的および精神的な力や能力で公平に評価すれば、数学的にみて等価か等価ではないかのどちらかである。それらの起源や成長のしかたに関するいかなる問題も、この等式に影響を及ぼすことはない。

しかし、著述家はどのような主題を扱うにも、自分の立場からもっともよく論ずることができるものだ。したがって本論文では、「雌雄の等価性」（equivalence of the sexes）を、発達に関するいくつかの理論の観点から考察する。

スペンサー氏［一八二〇〜一九〇三年］とダーウィン氏［一八〇九〜一八八二年］は、進化論の主唱者として広く認められており、両者とも積極的な論者である。彼らは、研究では独自の路線に立ち、それぞれが関係する事実と結論の解明に取り組んできた。というのも、新しい論題はどれも、生物の「体系《システム》」の主要部分にどのように関係するか早晩考察されるべきだからである。

どれほど実証的な思想家でも、自分が確かだと思う観点からしか物事は捉えられない。ある人の意見が隆盛となって支配的になればなるほど、彼らは関係する事実の表現を修正し、知らない間に、必要以上にその理論に縛られてしまうに違いない。それに加え、これほど有名な二人の研究者が長年取り組み、計り知れない集中力をもって完成した研究だということを考え合わせれば、彼らのように偉大な男性たちでも、特別な注意を払っていない事柄については、一般の人びとと同じように誤った判断をしてしまうことが容易にわかる。したがって、スペンサー氏は、女性が男性より劣る原因を生殖機能のために女性の発達が早期に停止するからだとし、ダーウィン氏は、雄が雌よりもはるかに優れた筋肉と脳を発達させ、その卓越した特質はおもに雄の子孫に限って継承されていく、と論じているが、たとえ彼らの仲間の進化論者でも、必ずしもこれらの結論に対して疑問をもたずに受け入れる必要はない。

男性はみずから強く共感するときは、明瞭にとらえることができ、思考も鋭敏だが、そうでないときは違ってくる。彼ら二人のような権威でも、男性の優位性という独断的意見に対しては、少しも重大な関心を示していないのである。もっと凡庸な男性たちは、女性が相対的劣位にあることで得意になるかもしれない。けれども、そこには偏狭な考えへの誘惑がわずかにあるだけに思える。彼らは、その理論を既定の結論として認めてしまっている。もちろん、彼らもそれが自分の注意にまで入り込むなら、たしかに哲学的にも考え、ほかのあらゆる事実と同じように一般的な科学的論拠と照合もするであろう。しかし、スペンサー氏もダーウィン氏も理論という頑丈な石をいくつか用意しながら、みずからの土台として急いで押し込み、長い時間をかけてじっくり考察するというセメントで固めないまま、それで満足しているのである。したがって、彼らがもっぱら関心を注いできた関連領域における偉大な権威だからといって、この点〔女性の相対的劣位〕に関する彼らの結論を受け入れるよう求められることは、迷惑でしかない。

スペンサー氏は『社会静学』[2]を執筆したとき、雌雄の等価性についての考えをいくばくか抱いていた。それから『第一原理』[3]に戻って、生物の「体系《システム》」を進化させようとするあまり、「自然界における女性の位置づけ」という観点が彼の思考のなかから抜け落ちてしまったのである。長期にわたる苦心の研究を必要とするほど、この主題が重要だとは考えなかったに違いない。四巻に及ぶ著作『生物学原理』[4]と『心理学原理』[5]では、彼の関心が別のところにあったことがわかる。しかし、彼は一連の著作のなかで、両性の関係が進化によって影響を受けていることにかなり迫っているものの、十分な考察をせずに終わっている。

「両性の心理学」[6]と題する後の論文のなかで、スペンサー氏はみずからの立場を力強く、そして明快に述べている。しかし、それ以上の説明となると短く、彼としては弱い立証でしかない。スペンサー氏は、考察すべき点が非常に多いと認識できていなかったところには、何か論題があるとはまったく気づかず、主要な結論を特別に修正する方向にすべてが向いていた。そのため、彼がこの問題〔自然界における女性の位置づけ〕の十分な考察に精力を注がなかったことは明らかである。そうでなければ、わずか六頁にその議論を押し込めようとはけっして考えなかっただろう。

過去と現在の形質を手がかりに、有機体の構造およびそれらが生じた原因に関する卓越した研究者であるダーウィン氏もまた、性差がどのようなものから成り立っていようと、それが「自然選択」(natural selection)と進化を前提として存在している原理を、明確に意識せずにきた。「すべての種の起源」と「人間の由来」を解明するという、生涯を通して取り組んだ緻密な仕事が、「雌雄という」二つの明確な系統に沿って進化し、拡大し続ける有機体の性差に関する彼の認識を促してきたのである。彼はきわめて詳細な証拠を出し、いかにして雄が付加的な雄特有の形質を獲得してきたかについて、みずからの理論の例証をしてきた。しかし、雌がそれに相当する雌特有の形質を発達させてきたかどうか調べることは、まったく考えなかったように思える。

彼らよりもう少し世代的に上の生理学者は、たしかに男性であるがゆえに、男性の観点から自然を研究しただけでなく、雄こそが種を代表する型で、雌は生殖のためだけか、あるいはほとんどその目的のために変型したという、広く認められている理論によって諸事実を解釈した。彼らにとって、生理学は特殊創造説のもとに置かれるべきものであった。至高の力と知恵をもつ存在が、一方の器には名誉を与えてつくり、もう一方の器には不名誉を与えてつくったのだと、彼らは信じていた。進化論者たちは、この伝統的基盤から大きく踏み出しているが、彼らの解釈では自然の秩序のバランスがとれないことを、どう理解すればよいのだろうか。有機的世界におけるどのような自動調整力(self-adjusting forces)が、いたるところで女性より男性を優秀に発達させ、雌より雄を典型的に優れたものとして発達させてきているのかを知ることは難しい。

ほかに等しいものをあげれば、同じ両親から生まれた子どもは、同一水準で胎児としての命を開始するはずである。それに続く成長の諸段階が、原始的なかたちと男性のあいだに存在するように、原始的なかたちと女性のあいだにも存在している。スペンサー氏は、雌は雄より生殖にかかる負担が大きいため、釣り合いがとれるように早期に発達が停止する、と説明している。したがって、女性は身体的にも精神的にもけっして男性と等しくなることはできないという。

ダーウィン氏の「性選択」（sexual selection）理論によれば、雄の優位性は雄の系統で進化し、おもに雄の子孫に限って受け継がれると考えられている。ときどきは雌も、雄が本来受けるはずの形質を受け継ぐことがある。しかし、この進化の形態は、基本的には父親から息子へと、変種から変種へと、そして種から種へと受け継がれ、それはもっとも下等な単性（単為）生殖生物に始まって人間にまで脈々と続いている。ごく稀に例外はあるものの、高等動物ではより活動的で進歩的な雄のほうが体が大きく、また高等下等を問わずあらゆる生物でも、筋肉の発達、装飾、全身の色の鮮やかさや美しさ、感情の強さ、知力において雄がまさっている。重さや大きさを測り、算出した場合も、つねに雄の力のほうが優位を占めている、と彼は述べている。

おそらく、スペンサー氏が「雌の発達が早期に停止する」とした原因を、ダーウィン氏は「雄の進化」の理由として十分に言い当てているのだろう。スペンサー氏が科学的に「雌から引き算をしている」のに対し、ダーウィン氏は科学的に「雄に足し算をしている」のである。雄と雌のあいだの不平等は広がり続け、それはまるで植物が茎の節間に沿って、すべての節から上へも下へも伸びていくようである。両性の不平等をもたらすそもそもの原因は、未知の法則によって抑えられない限り、その不平等はますます広がり、想像を絶するほどの段階にまで拡大するに違いない！

　これら二人の哲学者たちは、遺伝は相当程度で同じ性に限定され、数学でいう数列のようだと信じている。そうだとすれば、雄の優位性は最終的にどこで終わるのだろうか。すべての種で雄は優位であるがゆえに、遠い未来のどこかで衰退と死の脅威にさらされるのだろうか。それとも、劣った雄が系統だって選ばれ、優れた雄が抹殺される時代がやってくるのだろうか。これが進化なのだろうか。さらに、もし将来、両性の不平等が広がりすぎないような自然の抑制機能が存在し、われわれがそれに頼らざるをえないならば、過去と現在においても同じような自然の抑制機能があり、これまでも作用し現在も作用していると想定しても、荒唐無稽な話ではない。それは最初から、それぞれの種の雄と雌が連続して進化していくなかで、両性に必要なバランスや近似的均衡、そして力［両性のエネルギー］の等価性の維持を徐々に可能にしてきたのだろう。本論文の目的は、これら機能的抑制の本質を指摘することであり、異なる種ではさまざまな習慣や発達に応じて多様な構造的変化をもたらしていても、すべては事実上の「雌雄の等価性」の維持に向けられていることを明らかにするものである。

　進化における諸事実は、誤って解釈されてきたのかもしれない。雄の系統でのこのような進化を強調しすぎて、分岐していく雌の系統で同様に生じてきた根本的な変化については見過ごしてきたからである。そこで、つぎにあげる点を主張したい。第一に、それぞれの種の平均的な雄と雌は、身体的にも精神的にもつねにほぼ等しい。第二に、雄のより大きな体や鮮やかな色、多数の付属物、身体的な強さや活動性は、それぞれの種で対応する雌の有利さによって、数学的に埋め合わせられる。たとえば、雌の高度に分化した構造的発達をあげることができよう。雌は、器官の作用がより速く、相対的に持久力が高く、諸器官のあいだの機能調整が円滑で、エネルギー負担が大きくかかる後でも速やかな回復力を保証されている。第三に、雄の強い熱情的な力は、雌がもつ母親としての深い愛情や夫婦の愛情と等価である。人間では、男性が攻撃的で建設的な知性をもつ一方、女性は知的な洞察力によってバランスがとれている。このような女性の能力は細かい問題も簡単に処理し、調和のとれた適合へと落ち着かせることができる。第四に、道徳的にみれば、発達は実際的な徳や悪徳やさまざまな道徳感覚とは違い、性の相互の影響によってさらに変化するもので、科学的にはやはり等価とみなされるはずである。

すべての特質は、両性どちらの子孫にも等しく伝えられるが、一方の性では発現せずに終わるか、もしくは性的変容を受けて発現するかもしれない。しかし、軟体動物から人間にいたるまで同じ種の雄と雌は、身体的にも精神的にも力のすべての状態がまったく等価なものとして、両性が関連した進化を続けるだろう。もしこの仮説が自然界で十分な論拠をもって示されるならば、進化の過程を経て男性が女性より優れた存在になってきたという、スペンサー氏とダーウィン氏がともに唱える、結論は間違いとなる。

偉大な科学者や科学的結論に対して論争を試みる女性は厚かましいと責められるかもしれないことを、私はけっして軽く考えてはいない。けれども、ほかに方法がないのである！　この主題［雌雄の等価性］に女性の観点からアプローチできるのは女性だけであるにもかかわらず、両性の進化の研究で女性には初心者しかいない。われわれがどれほど不利な状況にあろうと、何もせず待っているだけではけっして良くならない。この論文を読む人のなかに、ここで扱う主題は女性が研究するにはふさわしくない、まして女性が公の場で議論することは適当でないと考える人がいるだろうか。男性科学者のなかにそのような人はいないだろうが、一般読者に向けた場合、このような感情をわずかでも抱く人がいるかもしれない。そうだとしたら、私は「思い邪なる者に災いあれ」という騎士道の言葉に訴えるのみである。心理学と生理学は不可分なものである。知識の第一条件「汝自身を知れ」から逃れうる者はいない。

論　証

スペンサー氏の理論によれば、下等な有機体はそれぞれが進化の最小極限にまで分かれた構造をもっており、二つの細胞が結合するか、あるいは一つの細胞が「わずかに分化した」二つの部分になることで、原子の「再分配」が起こり、それが新しい有機体の基になるという。この説明は、納得のいくものではある。しかし、高等な有機体の発生に関していえば、始原細胞ではより進化していく構造や関係に応じて「分化という進化」(evolution of the differentiation) の必然性が高まることを、スペンサー氏は完全には理解していなかった。彼の言う「わずかな分化」では、ほぼ同質な有機体を新しく作り出すには十分だが、もっと異質性の高い有機体を進化させる結合を可能にするような、非常に複雑な分子からなる二つの細胞で力［エネルギー］を再分配するには不十分なはずである。したがって、精子や生殖細胞の進化は、その親の構造の進化に対応しているに違いない。これらの細胞の違いはきわめて複雑になるが、それぞれが進んでいく段階において、形質という点では明確なはずだ。その差異は互いに関係しているため、二つの細胞の作用がまさに分子の再分配を引き起こし、類似する種のなかでの新しい個体の成長開始に必要となるに違いない。こうした再配列以外に、答えはないであろう。

栄養豊富な種子を作り出すことのできる花粉は、まったく同じ種か、せいぜい近縁種に属しているはずだ。めしべに接している樹液の滴も、葉や茎の小片も、めしべから「わずかに分化」したものである。完全な種子という明確な結果をもたらすそのような不明瞭な分化は、これまでまったく知られてこなかった。だが、植物界の下等なレヴェルで成長する集団で、こうした完全な種子ができる結果が絶対に起こらないとはいえず、少なくとも不可能だとはいえない。一方で、動物のように明確な個体性と構造の異質性をもっているものでは、それはまったく不可能に違いない。

高等なレヴェルの生物では、雑種やまったくの異常な状態はすべて狭い範囲に限られる。その階梯のなかではるかに下等な生物でも、自然はあまりに近縁種の結合を避け、もっとも広く適応した分化を必要とする。二つの細胞は、一方のグループがもう一方のグループに力を依存し、「結合と対立」がそれぞれのあいだで相互の適応をしてきたに違いない。そうでなければ、結合が新たな自動的均衡をもつ生物を生じさせることはなかっただろう。したがって、一方のグループがもう一方のグループを補い、全体として完全なものにしなくてはいけない。

しかし、すべての種における成体の雄と雌は、まさしく一般的な発達に比例して分化している。それらは平行な系統ではなく、適応するよう分岐した系統で進化している。種の進化と性の分岐とのあいだに、一定の比率が存在しているのは明らかだ。両性の構造における細部はある程度多様に変化し、あらゆる機能は関連する器官とともに、反対の性とはまったく異なっている。哺乳類というもっとも高等なグループは、鳥類や魚類、またいかなる綱（class）の無脊椎動物よりも、両性が大きく異なる。その進化の頂点にいる人間は、下等な綱の生物と比べ、男性と女性が生理学的にも精神的にも非常に異なる。こうした主題にほとんど関心を寄せない人たちには、すぐにはわからないかもしれないが。

たとえば、ある種の昆虫では二つの性の形態がまったく異なり、その他の昆虫でもまったく習性が違うものがある。菌類のなかには、外的条件が変化すると形質を変えるものがいる。もっと高等な植物で、たとえばランの場合、三つの属（genera）があるといわれていたものは、実際は同じ親株から出た性の三つの異なる形態であった。しかし、この進化の下等なレヴェルにおいては、一つの同じ性が時には二つの異なる形態をとる場合がある。そのような昆虫は、体の半分ずつで異なる種の形質をもつことが知られている。単純な有機体は多少なりとも構造が不定で、外的条件によって簡単に変化するという結論を出さざるをえない。このように下等な綱の有機体に、明らかに定義できる性の違いを見いだすことはできない。

もし外面的な形質だけを考えるならば、鳥類の雄は相対的に体が大きく、羽衣が鮮やかで、装飾が目立っているため、雌と見分けがつきやすく、それは雌雄の違いがあまりない哺乳類に比べてはるかに明確である。しかし、構造とそれに関連した機能の変化という事実に立ち戻れば、性のより大きな違いが一般的な発達と相関関係にあり、進化してきたことを、生理学者ならば一瞬たりとも疑わない。こうした「分化」とは、第一次性徴と第二次性徴で明確な違いが出ることに加え、数は増加し、細部は入念に作り上げられ、一般的な生物の体系《システム》全体でもわずかだが明確な変化をすることである。

このような違いは、うわべだけの観察によってすぐに気づくものではなく、もっとずっと根本的で重要なものである。たとえば、昆虫の羽と鳥の翼はどちらも、四足類の前肢に比べて同類の器官のように思えるかもしれない。しかし、解剖学者は、ツバメの翼とウマの足は構造がほとんど同じだが、一方で、チョウの羽は構造の設計上まったくかけ離れたものと考えている。表面的な形質から判断すると、ウマの雄と雌に大きな差異はないだろうが、構造と機能の基本的な事実にもとづいて考えれば、この高度に発達した種は、対応する性の区分を進化させてきた。雌だけに限った形質が付加されてきたように、骨や組織、神経や精神的特徴の違いはすべて異なる変化を前提としてきたにもかかわらず、それらに両性の区分はそれほど存在せず、少なくとも明らかな区分はみられない。

昆虫の母親は、孵化してすぐに幼虫が餌を見つけられる場所に産卵する。そして、孵化の経過自体は、外界の温度にまかせている。もっと高度な体構造をもつ鳥類では、自分の体温を卵に与え、ヒナの孵化を促す。そして卵から孵った後も長期間、餌を与えなければならない。ウマのような哺乳類は、もっと細やかに子の世話を焼く。こうした階梯の頂点に位置する人間の子どもは、ほかの生物よりも母親に依存している。鳥類の雄は卵の上に座って温め、「羽の出揃わないヒナを世話する」だろうが、哺乳類は、それに似た役割を果たすことは身体の構造上不可能である。

ヨウジウオ（Pipefish）[7]の雄は育児嚢を持ち、子は保護してもらうために自分からそこに入っていく。この珍しいポケットは、有袋類の雌の類似した構造に表面上はよく似ている。しかし、形質的な違いをいえば、ヨウジウオの雄は大切に育てている子に栄養を直接与えることはしない。一方、有袋類の雌は食物を同化して、子に乳を与える。高等生物であれ下等生物であれ、いかなる種の雄もまず食物を同化し、それから子に授乳するような、直接的に栄養を与えることはしないとわかっている。ただし、これに近い方法は、ハトではおこなわれている。この鳥は、雄も雌もみずからが半分消化した食物を、喉袋から吐き戻して子に与えている。しかし、植物や動物のどのような種でも、食物を丁寧に加工し、種子や卵、成長している胎児や生きている子に、直接栄養を送り込むのは雌である。この雌雄の区別は、いたるところにみられる。雄が子に直接的に栄養を与えることはなく、つねに雌が子に直接的に栄養を与える。

カーペンター博士[8]は『比較生理学』[9]のなかで、「究極的により高度な進化をとげた生物ほど、より早い時期に親からより多くの援助を受ける」という法則を示した。これは、一般的な種の進化に対応して、母親の機能がつねに進化してきたことを表わしている。ここで注目すべきなのは、雄と雌の類似した生殖器官が、同じ種では構造と進化の複雑さにおいてほとんど等価ということだ。しかし、機能としてもきわめて独自の栄養システムはもっぱら雌だけに備わり、ほかのあらゆる発達とともに一定の比率で進化しているのである。

生殖に関係するこの栄養システムは連続したひとつの進化ではなく、いくつかに分かれており、種の進化に対応している。そこでは、ある様式がほかの様式よりも優れていることが、いつも明らかなわけではない。たとえば、高等な有袋類と下等な有胎盤哺乳類とを比較してみよう。さらに、体の大きな肉食動物と草食動物とを比較してみる。すると、前者の子は発達が遅く、生まれたときも弱いため、親の世話と保護をより長いあいだ必要とする。しかし、母親が草食である後者の子は発達が早く、生まれる前からより多くの栄養を与えられている。異なる要求に見合うよう、両性には対応する発達がみられる。

陸生の肉食動物は、ほとんどが一夫一婦である。家族のために食糧を調達するのは雄であり、つまり雌は「直接的な栄養」(direct nurture)を与え、雄はおもに「間接的な栄養」(indirect nurture)を与えている。だが、草食動物では肉食動物のような分業は不用である。したがって自然選択は、それ以外での等しい役割分担を決定するか、もしくは色彩の美しさ、筋肉の量と強さ、脳の高い活動性など、特定の種に大きな利益をもたらすような獲得形質に働く。要するに、第二次性徴の進化は雄の系統で発達したとダーウィン氏は認め、広範囲にわたる追究をし、その起源はおもに「性選択」にあるとしているが、われわれはもっと広く「自然選択」がおもな要因だと考える。ここで「自然選択」とは、最適者の生存と向上を確保しながら、二次的形質もしくは間接的形質を徐々に選択するものであり、それによって平均的な雄が平均的な雌と同等になることができ、子孫全体の進歩に貢献するものである。

自然界における役割分担で、母親が子に直接的に栄養を与えているとしたら、父親は子に間接的に栄養を与えることで同等の貢献をしている。すなわち、これら栄養を与えることは、種が優れた到達点にまで進歩することに貢献し、その総量は両性でまったく同じである。

第一次性徴や第二次性徴の進化が、雌雄どちらの有機体でもあらゆる分子に対応する変化へと広がっていくことは、普遍法則であるに違いない。それは「自動的均衡」(moving equilibrium)という再調整のなかで起こっている。この原則は、変異が「いちど始まると、結合と対立によって多様な結果を生む」というスペンサー氏の主張のもうひとつの例である。これを性にあてはめれば、種に関して「変異は力の維持に不可欠」ということになる。

結合に際して遺伝的要素は、バランスのとれた力のように等価値にして等能力であるに違いない。一方のグループをA、他方をBとするとき、公平な推定はA=Bである。AがBより優るなら、釣り合いは等価な結合よりはるかに不安定である。有機体は、似た単位が加わることによって成長していく。しかしながら、もしAの単位がBの単位より大きいものとして始まるならば、この不均衡は確実に広がる。そして結局、不安定な均衡は崩れてしまうだろう。

もしAがBと同等だと仮定し、等価に適応した二つのグループが、似た要素を加えることで有機体の成長に協働すれば、そのようなグループがあらゆる活動でバランスを保つことは非常に容易である。やがては、外部からの同等でない力が作用して、この安定した均衡さえ崩れてしまうことはおそらく間違いないが、始原細胞が等価なことで得られる利益は非常に大きい。

けれども分化というのは実質的に価値のあるもので、いくらかの対立を含んでいるに違いない。それは拮抗状態とも異なり、力の極性とも異なり、グループどうしでの作用と反作用を促すものである。したがって、結合したグループがほとんど同等かつ正反対であればあるほど、新しい有機体の初動の力（initiative power）はより大きくなる。こうして自然選択は、それぞれの種における始原細胞の二つの種類が等価となるよう促すに違いない。それゆえ、自然選択はすべての種で二つの性の等価性を維持し、すべての進化を相互に適応した二つの系統でおし進めようとするのである。

最適者生存で両性の等価性にもっとも近づくことにより、もっとも多くの子孫を残し、そのうちもっとも適応したものが生き残るだろう。種がより高度な発達をし、構造や機能が分化すればするほど、結合した要素における活動には複雑な両極性がいっそう求められる。その結果、自然選択はきわめて長い期間作用し、最適者生存を通して進化のあらゆる段階で、両性の近似的同等の維持が可能となるだろう。それは、分化して相互に調整された等価性であり、究極的にはどちらの性のあらゆる機能や器官、あらゆる思考や作用にまで及ぶ、異なる変化のなかに生じる。

無機的世界では、類似した物質と力が無限の集合体になる傾向がある。ここには、同質性（homogeneous）から異質性（heterogeneous）へと、無限の進歩をもたらす影響力も存在している。しかし、有機的世界では、種類も程度も異なる有限の集合体が数多く存在し、それぞれの集合体が別の類似した集合体を存続させる傾向にある。さらに、有機体の親と子孫のどちらも、一定数の法則によって妨げられ、制御されることで異質性が高まる。

類似した無限の集合体が異なる力の作用を受けた場合、異なる結果が生じる。また、類似した有限の集合体も、もっとも単純な器官の細胞やもっとも複雑な有機体のように、異なる力の作用を受ければ、やはり異なる結果を生じ、細胞や有機体で分化が起こる。しかし、ここで起きている変化とは、それらを均衡させるか確立させるように向かい、新しく変異した別の集合体を存続させるほうにも向かう、明確な変化のことである。また、この傾向は、異質性の低い有機体から異質性の高い有機体にまでみられる。それぞれの新たな獲得形質はほかのすべての形質と協働し、つまり異質性の高い有機体ほど、別の同じような有機体を繁殖させる。

バランスのとれた作用と反作用という普遍的な法則が、無機的にせよ有機的にせよ、すべての集合体を同じように支配している。ほかの方法で拮抗状態が確立できなければ、二つの原子も結合を開始できない。この力のバランスがなければ、どのような種類の無機的集合（mass）も有機的集合体（aggregate）も結合は不可能だろう。

最終的に、複雑な有機体は、それぞれがもとの有機体に類似した完全な有機体になるのではなく、分業を永続化するように分化する。一方は新しい有機体に付随する力ともいうべき種類の要素を持続させ、もう一方は対立する力あるいは好ましい［相補的な］力を持続させる。このように異なる条件で作用する異なる機能によって、両性は明確に、よりいっそう違いを際だたせて分化していく。つまり、自身の性とは反対の性に付随した力である要素を次世代へ伝えることによって、つねに獲得形質すべてを永続化させていくのである。

新たな結果として生じる個体の状態は、協働的な要素の能力の有無によって、全体のなかで一方がもう一方とバランスがとれるかどうかが決まるに違いない。もし、その相互の適応がこれを可能にするのなら、子は変化した形態のなかに、両親の特質すべてを最上のかたちで結合させるだろう。これこそが、きわめて明確な重要性をもつ進化である。

しかし、この主題に関する演繹的推論は、古今の「博物誌」によって支持され、例証されなければ、ほとんど価値をもたないであろう。

体の大きさと構造との区別は、しっかり考慮しなくてはならない。大昔の巨大な爬虫類は、現在の飛ぶことができる鳥類に比べて、それほど高度に組織化もされていなければ、それほど習性も活動的ではなかった。これら地を這う動きの鈍い生物が、納屋に巣をかけるツバメや絶えず羽をはばたかせているハチドリのような小さな体で活動する生物に比べて、組織化された力のより大きな集合体を表わしていると断言することは不可能だろう。これほど異なる綱に属する生物のもつ力を、比較して評価するのは難しい。しかし、多くの種では、習性でも体の大きさという一般的構造でも、雄と雌が互いに近似的である。こうした比較はまったく可能であり、公平な評価が両性の相対的な力からもたらされるはずである。

ライオンの雄は雌に比べ体が大きくて強く、外見が立派である。多くの相違のなかで、雄だけがふさふさ流れるようなたてがみで飾られている。雄は、家族全員を十分養えるだけの食料庫に食物を供給するという特別な役割を果たせるようみごとに適応しており、それは子ライオンが成体の半分ほどの大きさに十分成長するまで続くといわれている。一方、ライオンの雌は、雄に比べて構造も機能も複雑だ。多くの点で劣っているにもかかわらず、あらゆる点で雌は雄の類似物である。しかし、ライオンが属している綱全体に、動物界でもっとも高等で重要な有胎盤哺乳類（placental mammals）と名づけるに十分ふさわしい重要な器官［胎盤］を発達させているのは、雌だけなのである。たとえ、雌が狩りをするには強さと勇敢さで劣るとしても、この不足分と雌の異質性の高さ［出産能力］はまったくの等価だと十分に推測できるだろう。精神的特質を比べたとき、雄のほうが気性が激しく活発だが、雌のほうが忠誠を尽くし母性が強い。雌の知能の鋭敏さはさまざまな刺激を受けるが、雄の知能に比べて劣っているとは証明されていない。

あらゆる種の雄と雌のあいだには同じような類似的特質が存在し、どこにでも価値の近似的等価を見いだせるだろう。これはきわめて顕著で、なぜならば広範囲の異なる生物では、性的分化の驚くべき適応がきわめて多様であり、価値の比較が不思議な補完作用を示しているはずだからである。しかし、多くの異なる科（family）に属する動物や植物などの有機体では、雌雄を識別できるはるかに大きな分化が存在している。まずそのいくつかに注目することによって、より詳細な比較という価値の評価が可能となるだろう。

脊椎動物門のどこかに上下を分ける分割線を引き、一方はより高度に組織された綱の動物と、もう一方はより下等な綱の動物（植物を含む）とに分ける。この分割線の上側では、つねに雄が雌より大きく、下側ではその法則は逆となり、つねに雌が雄よりも大さい。このように広く十分明らかにされた事実は、両性の均衡への関係において重要なはずである。さらに言うなら、雄のほうが大きいと区分される側では、必ず雌のほうが構造と機能において異質性が高い。下等と区分される側では、雌特有の構造がより異質性の高い場合もあるが、程度としては比較的低い。これとは逆に作用また、このあと指摘するように、明らかに雌の相対的な体の大きさに影響する［雌の異質性を］和らげる条件が存在している。小さな四足類、鳥類、爬虫類では、両性の体の大きさはほぼ同じである。しかし、これらの綱の近縁種では、分割線は曲がりくねった線となる。

ダーウィン氏は、つぎの主張を唱える権威である。四足類で、両性の体の大きさが著しく違うものでは、つねに雄のほうが大きい。したがって、この四足類全体の区分は、分割線上かもっと上方に位置している。鳥類はすべてではないが、一般的には上側に属している。爬虫類は、分割線のすぐ上側もしくは下側に分類される。ヘビでは雌のほうがわずかに大きいが、トカゲではこの法則は逆になる。［両生類では、］カメは雄のほうが大きく、カエル（frog）やヒキガエル（toad）はどちらの性が大きいということはない。

すべての魚類は分割線の下にいる。どの種も、雌より体の大きな雄はいないことが知られている。同じく下のほうにはすべての無脊椎動物の綱がいるが、例外的な昆虫もごくわずか存在する。雌が雄より大きいという法則は、海のなかで奇妙な群れをなす多くの族（tribes）にあてはまり、陸上にいて関節のある背骨は持ってはいないが、這ったり、跳ねたり、飛んだりする族にもあてはまる。これらの族［分割線の下側］に、私は、すべての雌雄同体、植物、植物のように群落が大きくなっていくすべての動物を分類する。卵巣はつねに体の中心に位置し、栄養過程とより密接な関係をもっている。この栄養の備えに対する十分な理由は明らかになっているため、具体的に列挙する必要はない。しかし、有機体が単純で、その構造全体がほとんど同質性を示している限り、子は高等な綱に属する有機体と同じように、母親の介入によって直接栄養を与えられ、自然選択は必ず子孫にとって非常に重要なほうの性を有利なものにする。

この法則は「構造と機能における異質性」という要点につながり、その異質性は種の進歩の手段として、「栄養を与える」ことの重要性でバランスがとれている。ある範囲内では変化するが、ほぼ定まっている点で、種の条件と習性によって、子に直接的もしくは間接的に栄養を与えるという、二つの対立のあいだに均衡がもたらされる。生活条件が単純な限りは、自然はまさしく雌を有利にし、その結果、より大きく成長するのは雌となる。しかし、機能の複雑さとより高度な分業が加われば、素材のままの食物や、より高度な生存条件に見合う筋肉や脳の活動の大きさで示される種の間接的な栄養は、同等もしくはそれ以上に重要となる。それゆえ、種の変化する条件に応じて形質を選択すれば、雄がより大きく成長し、より大きく活動するほうが有利となる。

性の機能のこの対立や対比は、実在しかつ連続的であるが、実際のところそれは活動のバランスであり、均衡である。この均衡は、あらゆる種の全発達段階で両性の実質的な等価性を必要としている。これが、どちらの性にも生じる奇妙でさまざまな変化の真の意味であると主張される。自然は、力の分担が非常に大きい両性のあいだに、バランスのとれた消費を準備するよう強いている。これは、それぞれの性に分化した自動的均衡の維持だけでなく、両性の均衡のさらなる広がりを維持するものである。

両性の近似的かつ普遍的な等価性の証拠を示すことが、ここでは適切である。すべての有機体を貫く統一プランに従えば、植物のめしべは花のなかでいちばん保護された部位であり、まさしく成長にかかわる栄養の中心を占め、成熟しつつある種子はそこからもっとも直接的な利益を得る。親植物は、文字どおり結合した二つの性から成っているといえる。この法則の範囲を広げれば、すべての群体を成す有機体（compound organisms）や雌雄同体の有機体（bisexual organisms）にも二つの性があるのかもしれない。すべての葉や茎の断片でも、これら二つの極性は協働しているが、花においてのみ、正確には雌雄別々の花のみで両性が分離している。どこか別の場所に存在する両者の結合は、枝芽（branch buds）や葉芽（leaf buds）が花に変わる可能性によって証明されている。それはつまり、もういちど種子のなかで再結合するために、結合した性的形質と産出物とが分離する可能性を表わしている。これと同じ事実を示しているのは、すべての軸の上方と下方に成長し活動する二重の様式や、均衡の崩れた節間が死んでしまうことや、葉や根の機能の対立する循環やバランスである。

一般的にいえば、植物あるいは動物における有機的成長は、ほぼ軸もしくは中心部から起こる。これは、結合が多少複合的で、適応した分子の拮抗状態を示すひとつの証拠である。つまり成長は、持続する有機的バランスの維持に同様の拮抗状態が加わることで成り立っている。こうしたことは広い意味で用いられ、対向する拮抗と力の極性をともないながら、雄性と雌性はあらゆる有機体のなかで結びついているといえるかもしれない。しかし、高等生物では、おしべとめしべが別立てで花に見られるような「機能の分担」が、最初から起こっている。有機体全体と活動のあらゆる様態とは、分化した機能の局面のうちのどちらかに応じて、必ず多様に変化するので、有機体が高等か下等かによる程度の差はあっても、この結果生じる変化だけが、おそらく性に由来する「差異」と呼ばれるのかもしれない。無機的世界のバランスのとれた作用と反作用を性の区別とは考えないし、化合物の二つの元素の一方を雄性、他方を雌性とすることもありえない。なぜなら、これらの力も元素も絶え間なく入れ替わり、ほかの力と結合して無限の再配列が起こるからである。たとえば、あるときには雄性とされていたものが、次のときには雌性とされるかもしれない。

すべての力は、継続的な作用と反作用によって、またそれらの結果生じる拮抗によって協働している。しかしながら、バランスのとれた力のあいだに明確な関係が築かれているのは、有機的な細胞のなかだけである。ひとつひとつの細胞は小さな有機体であり、ほかの同型の細胞と同じである。したがって、すべての細胞に分子レヴェルの拮抗から成る有限なまとまりがあるはずで、また、このような拮抗状態の維持には、分子の力の半分が残り半分に対してバランスをとらなくてはならないため、その半分を雄性、もう半分の等価なものを雌性と呼ぶことは可能である。しかし、もしこれらの呼称が、この普遍的な有機体の分化を適切に表わしているならば、一方の性だけに異なる変化が生じるような分化と、生殖にかかわる形質の分化とを、どのような用語で区別することができるのだろうか。ほかの関連する名称とともに、雄性や雌性という用語をすぐに連想するのは、後者である。したがって、本論文ではこの用語を生殖に関する意味に限定したい。

そうであれば、植物は、その有機体全体を構成する個々の細胞において、バランスのとれた有限の力が協働しているが、植物本体はどちらの性でもないというべきかもしれない。しかし、このようなバランスのとれた力が、特別ではあるが異なる産出物〔花粉と胚珠〕をそれぞれ排出する目的で、花の二つの部分で機能や構造の分化を始めるとき、この形質の分化が、性である。高等動物では、その全体構造とそのすべての活動に変化をもたらす、〔植物に〕似てはいるがはるかに複雑な分化が、性である。花は、一般的な植物の栄養システムから最初に起こるかなりの変異と考えられるに違いない。また花は、植物の働きの最初の分業と考えられるに違いない。それは、成長素材の単純な同化の働きである。これはつねにバランスのとれた成長、もしくは均衡の保たれた成長なのだということを頭に入れておく必要がある。こうした初期の分業により、おしべには分子の力のひとつのまとまりを作り上げる役割が、めしべには分子の力のバランスのとれたまとまりを作り上げる役割が割り当てられている。この二つの結合した産出物が、親の型に新しい均衡をもたらす。

したがって、「機能の分担」が性の「起源」である。性別は、完全花〔がく、花冠、おしべ、めしべを備えた花〕よりもはるかに下等な生物の階梯でも始まっている。しかし、花の過程はほかよりよく知られており、明確な分化をして成長していくため、両性に普遍的に割り当てられている機能の分担の型と、その実例を作り出すことにうまく適応している。対立する拮抗状態にある等価なグループが胚で結合して協同し、成長のバランスのとれた割合に応じて、似たものに似たものがそれぞれ加えられ、そして有機体を最後まで維持する。

しかし、花の「種子」は、二世代前の植物［種子］と同様に単純な構造である。種子の最初の働きは、養分を同化し、成長して、根や茎や葉を無性的に生じさせることだ。つまり、花を咲かせることを除けば、一定の栄養過程では分業をせずに、程度の差はあっても無限にそれ自身で増え続けていくことである。

スペンサー氏は、同化過程と無性生殖とのあいだには直接的な対立があると論じている。しかし、この対立は単に表面的なものに違いなく、どちらの過程もまったく同一である。有機体が、高等植物や群体動物のように、似たパーツを自分に足し続けて大きさを増し続けようと、あるいはすべての単細胞生物と一部の多細胞生物の無性の親のように、似たパーツを増やし続けるが、そのパーツを独立して漂うにまかせようと、特段重要なことではない。分業が起こるかどうかは、構造や機能ではなく、些細な内的および外的条件によって決まるものだ。もし、植物が木質の繊維を作ることができるなら、無性の産出物は互いに結合しあって大きな木になることができる。でも、中心部の木質の繊維は有機体として朽ちてはいないが、まったく活動をしていない。もし、あらゆる似たパーツが同化された同じ量の栄養とともに、最初に親から引き離されていたとしたら、同じ量の成長と生命があっただろう。もし、植物が木質繊維を作り出せないとしたら、容積の大きい集合体になることはできず、その場合、離れたところで養分を探すことのできる産出物［種子］をまき散らし、移植させる新しい過程がすぐにも始まる。有機体の下等な綱がつねに水中で生活し、たびたび分裂をするのは、そのほうが食物を多く確保できるからである。一方、陸上では土壌に根をはり、逆のこと［分裂しないほうが有利］となる。そうであれば、似たパーツの大きな集合体であるかということと、同じ数の似たパーツがすべてばらばらか、小さないくつかのグループを成してばらばらであるかということとのあいだにみられる対立は、単に異なる条件への適応という事柄にすぎず、根本的な差ではない。生殖機能の分離と再結合が、成長のどこかの段階で必ず介入しなければならないと考えられてきた。しかし、それが誤りだとも、正しいとも証明されてはいない。シダレヤナギは成熟しても種子を付けないが、巨木になっていたるところで繁茂しているのがみられる。また、さまざまな昆虫で、雄の存在がまだ発見されていないものがいる。

機能の分担［性］の出現は、器官の進化に応じてどこにでも起こりうるに違いない。とはいえ、分化した構造を形成するのはつねに負担の大きいものであるため、十分な理由がある場合以外は避けるべきであろう。アブラムシは、住み処としている木の樹液を吸っているが、もろい一枚の葉の上を住み処とするなら体を極小サイズに維持しなければならない。親にあまり負担をかけずに生まれる無性の子孫は、十分な食物と温かさがあれば、親と等しく有利に成長して繁殖することができる。しかし、何か均衡を妨げるものがあった場合、先を見通すことのできる自然は、その結果に警告を出し、ただちに生殖過程の分割によって災いを防ぐことを始める。こうしてもたらされた結果とは、より完全な資質をもった子たちであり、それは無性的か有性的かのどちらかで種の再生産を続けていくことができる。タコのような海の環形動物［タコ（octopus）は軟体動物である］は、卵から中性の個体が生まれ、多くの環節に成長していく。そして、その環節の一部分から完全な雄や雌の体ができ、無性の親から離れたどこか別の場所でその生命が続いていく。

目的としてめざすものが同じでも、方法はさまざまである。それでも、繁殖において無性生殖と有性生殖の二つの様式をとる生物では、いかなる原因でもその均衡が妨げられれば、負担は大きいが、より高度で効果的な有性発生過程にただちに頼ることは明らかだ。たとえば、木を栄養不足あるいは栄養過多にしたり、根の成長を妨げるさまざまな方法をとったり、枝を切り落とすか単に葉だけを剪定したり、樹皮に軽く帯を巻くことによって、人為的に木に種子を付けさせることができる。しかし、いずれにしても、バランスが崩れればたちまち警告が発せられ、一本の木全体を成す集団は持てるすべての資源を若い群体の繁殖にあて、そうした群体はその種をどこででも存続させるために送り出すはずだ。

ミツバチの本能が、同じ教訓を示している。共同体で暮らす半無性のミツバチはわずかな栄養で発達することができ、もし、矛盾する特別な本能の発達がなければ、ミツバチの分業は有利となるはずである。しかし、女王バチが死ねば、共同体のバランスは崩れ、崩壊の危機に陥る。若いミツバチのうち何匹かは、適切な身体機能のバランスがとれなければ最後まで性的器官が未発達だが、栄養を与えられればすぐに完全な若い女王バチになる。この過程は、彼らにより多くの量とより栄養のある食事、そして十分に成長し発達できる空間が与えられれば、簡単に達成される。この過程と、蕾が化へと成長していく過程との類似は、誰にでもわかるはずだ。毎年秋に役に立たなくなった雄のハチが死ぬのは、毎年落葉する植物の経済効率とよく似た、不思議な変化である。

つぎのようにいえば多くの人は奇抜に思うかもしれないが、ある種の母クモは、それ自体が共同体システムの変形縮小版だと私は考えている。母クモは無性の個体に分散しているアブラムシの要素によく似た要素を集め、大きな体（巣）を作り上げ、そうして得たエネルギーを子がより高い段階に達するために有利に用いている。クモが巣を張り、じっと獲物を待つ習性は、単独で生きていくのにもっとも好都合である。そして、雌の比較的大きい体はそれ自体が有利になり、より大きな獲物を襲い、たくさんの子を養うことができる。非常に小さい雄のクモは活動的で自立しており、花のおしべが進化した類似物だと思える。一方、雌のクモは、めしべを含む植物全体の典型である。ここにも本能という経済効率に似たものがたしかに存在しており、雌は自分のパートナーを子の益とする最良の方法が、その雄を食物として食べてしまうことだとわかっているのである。

もし、下等な目（order）に属する生物で、体の大きさや力の総計および果たすべき役割における両性の過度な不釣り合いの説明に、もっと納得のいく方法があるとしても、私はそれを見いだせていない。ここで、つねに体が大きいのは母親であり、雌が子に栄養を与える負担をすべて負っている。フジツボはクモに比べてそれはど十分進化していないが、クモとイソギンチャクのようなポリプや植物との中間的な生殖の型を示している。フジツボの雄は口や栄養器官を欠き、雌や雌雄同体生物に寄生し、雌の大きな有機体と比べれば単なるシミのようである。これや、よく似た注目に値する手段は、習性や環境の特別な事態につねに適応しており、種に共通する利益のために自然選択による影響を受けた結果とみなされるに違いない。ここでいう選択とは、あらゆる有機的条件において、均衡のとれた活動を維持する必要によって制限される。

スペンサー氏によれば、「安定した均衡」(stable equilibrium) は「作用している力のうちのひとつが過剰となり、それがもたらす偏りによって、やがてはより大きな逆の力を引き起こし、こんどは逆の方向へ偏りはじめる」。これは、異性とのバランスのとれた関係についての私の考え方をみごとに表わしている。あらゆる生物の型において、両性には「安定した均衡」が必要である。たとえば、植物の花のなかで、めしべはもっとも栄養豊富な中心にあり、もっとも保護されている位置にある。めしべが複合的であるか、あるいは一つのグループに複数ある場合でも、おしべは通常はるかに数が多い。胚珠 (ouale) は、胚の周りに栄養物を蓄えている。しかし一方で、花粉は無数で、そのほとんどが必然的に捨てられる。これはただ単に、種子が実を結ぶことを保証するための過剰な供給と思われるかもしれないが、不可欠な均衡を維持するために、異なる力を同等量消費する方法だとも考えられる。なぜなら、二つの性が別々の株に生じる場合、花粉の量は非常に増加するが、二つの性が同じ一つの樹木に生じる場合、花は不必要な部分全体がほとんど取り除かれ、松かさのような裸子植物の水準にまで後退することもある。

性と個体性との両方の完成度が高く、しっかり連携している、もっと高等な生物のあいだでも比較は可能である。しかし、その等式は、それほど直接的でもなければ単純でもない。両性は構造と機能がより複雑であるため、体の大きさがより顕著に異なり、ある種類の活動がまったく異なる種類の活動によってバランスを保つことが多いに違いない。このように構造がより複雑であることは、より大きな体や強さ、一方面あるいは多方面における過剰な活動性によって、埋め合わせがされているのかもしれない。力が類似した様式へと転換できるという、力［エネルギー］の保存則によれば、絶え間ない再調整が不可欠である。この多くの可能な結合が異なる条件のもとで変化し、非常に説明の難しい等式を示している。もちろん、個体に適用する場合は近似的であるが、種全体もしくは非常に多く平均をとれば、十分に正確な等式となる。つぎにあげるのは、比較にもとづいた等式表であり、それぞれの綱の形質の「中間」をゼロとした。

　これら近似的等式は、ダーウィン氏による第二次性徴の広範囲に及ぶ比較と、大部分を照合できる。彼のように雄の形質だけに注目すれば、性の均衡はないようにみえる。しかし、雄の形質に加えて雌の形質を取り上げ、バランスのとれた考えをすれば、均衡は取り戻される。進化論を先導している二人の学者はそれぞれ自分の研究方法に従って、有機的自然と外的条件というより広範囲な均衡を説明することに集中していたため、彼らが性の均衡、個々の有機体の均衡、あらゆる有機的細胞における均衡というものに十分な注意を払わずにきてしまったことは、ありうる話である。もし、これらの均衡が、より複雑な調整を有する生物の大きな体系《システム》内における、より単純な調整という自動的な点でないとすれば、私は有機体の第一原理をまったく理解しそこなっているのだろう。

有機的自然における「等式」表

無性の段階

どこでも一定の大きさの成長	=	どこでも同じ大きさの成長

結果が大きい集合体か小さい集合体かにかかわらず,
等式（equation）は変化しない。

有性の段階

雄		雌

植　物

おしべとその産出物	=	めしべとその産出物

昆　虫

雄			=	雌	
±	構造			±	構造
−	体の大きさ			＋	体の大きさ
＋	色彩			−	色彩
＋	活動性			−	活動性
−	産出物			＋	産出物
＋	性的愛情			−	性的愛情
	（欠如）			±	親の愛情

魚　類

雄		雌
± 構造		± 構造
− 体の大きさ		＋ 体の大きさ
＋ 色彩		− 色彩
＋ 活動性	＝	− 活動性
− 産出物		＋ 産出物
± 栄養		− 栄養
＋ 性的愛情		− 性的愛情
± 親の愛情		（欠如）

クジラ目

雄		雌
− 構造		＋ 構造
± 体の大きさ		± 体の大きさ
＋ 力の強さ		− 力の強さ
＋ 活動性	＝	− 活動性
− 産出物		＋ 産出物
− 栄養		＋ 栄養
＋ 性的愛情		− 性的愛情
− 親の愛情		＋ 親の愛情

鳥　類

雄		雌
± 構造		＋ 構造
＋ 体の大きさ		− 体の大きさ
＋ 色彩		− 色彩
＋ 装飾		− 装飾
＋ 活動性	＝	− 活動性
− 産出物		＋ 産出物
− 栄養		＋ 栄養
＋ 好戦性		− 好戦性
＋ 性的愛情		− 性的愛情
− 親の愛情		＋ 親の愛情

草食動物

雄		=	雌	
−	構造		+	構造
+	体の大きさ		−	体の大きさ
+	色彩		−	色彩
+	付属物		−	付属物
+	力の強さ		−	力の強さ
+	活動性		−	活動性
−	産出物		+	産出物
	(欠如)		±	栄養
+	好戦性		−	好戦性
+	性的愛情		−	性的愛情
	(欠如)		±	親の愛情

肉食動物

雄		=	雌	
−	構造		+	構造
+	体の大きさ		−	体の大きさ
+	装飾		−	装飾
+	力の強さ		−	力の強さ
+	活動性		−	活動性
−	産出物		+	産出物
−	直接的栄養		+	直接的栄養
+	間接的栄養		−	間接的栄養
+	好戦性		−	好戦性
+	性的愛情		−	性的愛情
−	親の愛情		+	親の愛情

人　間

男性		=	女性	
−	構造		+	構造
+	体の大きさ		−	体の大きさ
+	力の強さ		−	力の強さ
+	活動の総量		−	活動の総量
−	活動の割合		+	活動の割合
+	循環の総量		−	循環の総量
−	循環の割合		+	循環の割合
−	持久力		+	持久力
−	産出物		+	産出物
−	直接的栄養		+	直接的栄養
+	間接的栄養		−	間接的栄養
+	性的愛情		−	性的愛情
±	親の愛情		+	親の愛情
+	理性の力		−	理性の力
−	事実の正確な洞察力		+	事実の正確な洞察力
−	関係性の正確な洞察力		+	関係性の正確な洞察力
+	思考		±	思考
±	感情		±	感情
±	道徳力		±	道徳力

すべての種における結果

雄　＝　雌

比較の結果

性　＝　性

すなわち

両性の生理学的および心理学的な等価性における有機体の均衡

栄養作用が有機体のもっとも重要な機能である限り、もっとも栄養豊富な個体が雌に発達すると考えられるかもしれない。この予想は、観察によって確証がもてる。しかし、この有利な傾向の埋め合わせとして、ほとんどの昆虫の雄は短期間に発達を遂げる。こうした事実などから、雄は弱いけれど、それに相応して速い一般的な循環を形成していると推察される。おおむね雄は、たしかに活動的で華麗な色をしていることが多い。昆虫には非常に多くの種類が存在するが、これらのさまざまに変化した種類の違いはほとんど普遍的である。珍しいことではないが、両性が異なる習性を獲得している場合、最良の栄養状態に達するのは雌であり、最高の移動能力を獲得して維持するのは雄である。昆虫のなかには、ある種のハエのように、雌は吸血性であるのに対し、雄は草汁だけを吸うものがある。あるいは別の昆虫の雄は発達の最終段階で口を欠き、雌が産卵まで食べて生きながらえるのに対し、短い一生を終える。これと逆に、ガやバッタやホタルなどの多くの雌には羽がない。別の寄生性の昆虫の雌は、成長の初期段階では持っていた移動器官を発達の最終段階では失い、一方で雄にはそれが残っている。

しかし、一方の性の高い活動性は、もう一方の性のすぐれた栄養機能によって、公平にバランスがとれていると考えられる。さらに、遺伝の法則によって、子孫は両方の親から等しく利益を与えられ、両性は進化の系統で子孫に収斂し、より高度な発達へと進む。

精神的特徴に話を戻すと、種の繁殖に向かうこれらすべての本能は、ダーウィン氏が「性選択」として強調しているが、もし、そうした本能が雄の系統で非常に活発に働いているとしたら、ほぼすべての雌の系統でもそれに対応した特徴があり、精神的な進化においても等しく重要な意義をもっているはずだ。すべての昆虫の母親は、生物界の階梯で自分たちより高等な生物の母親のように直接に子を抱いたり栄養を与えることはないが、最高の知恵と誠実さをもち、子に対し美しい本能的愛情をもって行動している。このような非常に小さい生物は、大工や石工のような技能と、しばしば人間をはるかにしのぐ慎重さと先見性をもって働いている。というのも、こうした母親は子に適切な餌を与える妨げとなるような、親自身の安らぎや有利さを求めることにまったく煩わされることがないからである。ある昆虫は、幼虫になったときに十分栄養がある場所で産卵するだけだが、別の昆虫は、適当な餌となるおそらくはほかの生物の子を探してきて、それを巣のなかに一緒に入れて閉じ込めるか、または似たような驚くべき工夫をして種の存続を確かにしている。

すべての進化が連続する小さな段階で進んできたことは、この問題に関して集積された証拠に十分な注意を向ければ、疑う余地のないことである。しかし、こうした進化がすべて知的計画や予見によらずに成し遂げられてきたとすることは、進化論仮説に不可欠な理論ではもちろんない。それどころか、われわれも知っているように、自然が始まったのは、感覚をもつ物質と感覚をもたない物質すべてを調和させる「協働的構成」(co-operative constitution) の自然な創造や適応によるものであり、それとは別の方法で自然が始まったなどとは、私の理解からすればまったく信じ難い。至高の存在によるデザインの証拠、ならびに全有機体における協調的な真の感覚力の存在の証拠を見いだすところとして、昆虫の驚くべき本能にまさるものがあるだろうか。これこそ、デザインの証拠である。

これらはここでの論題ではないが、いずれにせよ、主張しておきたいのは、無脊椎動物の雌の本能（親の愛情）にともなうすべての身体的および精神的な副次物は、相関関係にある雄の本能（性的愛情）とまったく等しいと考えられるはずだ、ということである。一方の性は子孫の創始を促し、他方の性は子孫の保護を促す。また、一方は活発で激しい衝動へ通じ、他方は穏やかで献身的なゆらぐことのない愛情へと通じる。その両方が結合して、種をさらに高度な発達へと進ませる。アガシ教授[10]が描いた、本能的な親の愛情を表わしている絵（よく見かけるハリガネムシは、卵がつぎつぎとばらばらに離れていってしまうとき、母親は多くの卵を守ろうと自分自身が糸を通した針のようになり、何度も何度も卵のあいだを通って縫いつけるというもの）と、ダーウィン氏が進化の説得力ある一面として繰り返し引用した求愛とを、単に比較するだけでよい。そうすれば、子に対する穏やかな愛情は、雄と雌の高度な発達にともない等しく必要になる等価物であると理解できる。こうした子への愛情の表出はすべて、両性で少なくとも同じだけの知能をともなっている。たとえば、動物が構築物にかける知能についてわれわれが知っているもっとも重要な証拠のうち、「手を使わずに作られた家」のほとんどは、その全体もしくはある部分が雌の仕事によるものだ。ミツバチは未成熟の雌が巣室を組み立て、おそらくすべての近縁種のハチがそうしている。また鳥は、巣作りのときは雄と雌がともに働くが、一般的には体の小さい母親のほうがより多くの役割分担をみずから進んで引き受けている。雄の余剰な活動性は、必要以上の装飾や色の華麗さに、身体的には運動に、精神的には情動などにかなり費やされ、それによって鳥や昆虫の母親が必要以上の直接的および間接的栄養、愛情、工夫などを子に与えることとバランスを保っている。

感情の激しさが、色の華麗さと何らかの関係にあることは疑いようがない。これは多くの鳥の交尾期の羽にみることができ、一時的だが高等動物にも多少はみられる。人間も含めたすべての種において濃い色や明るい色の個体は、薄い色の個体よりも興奮しやすい気質がある。また、同じ種のなかでも濃い色と薄い色の変種全体を注意深く比較すると、この法則は同じように普遍的である。人間のなかでアフリカ人と純粋な白人は、おそらくこのような気質の激しさで対極にいる。しかし、人間は性格が非常に複雑なため、こうした点を直接比較するのは無理なことが多い。それでも、一般的な方法としてほかの事柄が等しければ、たしかにこの法則はあてはまる。そのうえ、人類がより高度な進化の段階でうまくバランスをとり、しかるべき機能の分担をしているという見方に立てば、感情の激しさや「一般的な感性の敏感さ」は、男性的特質よりもむしろ女性的特質とみなすことができるに違いない。ダーウィン氏が指摘しているように、女性は男性よりも明るい色をしている。だが、この点に関して、両性のあいだに大きな差異はなく、われわれの理論を支えるものもない。なぜなら、女性のより広く高度な感性は、男性ではすべての進化を経て特徴的に残っている性的な熱烈さによって置き換えられるはずだからである。したがって、このようなレヴェルで色の関係を論じるときには、両性を比較するのではなく、色の明るい種や個体と、色の暗い種や個体とを比較しなければいけない。

人間より下位にいる草食動物や鳥や昆虫はとくに、感情の熱烈さと色の明るさが直接に関係しているため、この感情と色はどこにあっても、ともに現われともに消える。関連する同じ事実の精神的および身体的な表現形においても、雄が雌をはるかに上回っている。個体はそれぞれの性で、互いに異なっている。鳥類や四足類はより強健で興奮しやすい個体のほうが、同じ性でも華麗さが増すという実証的データは提供できないが、ほかの事柄が等しければそれが普遍的法則になるという私の主張を支持するために、読者のかたがたの直接的な観察に訴えたい。それは、すべての家畜動物にみられる。もっとも活発で繁殖するものは、必ずもっとも色が鮮やかで調和がとれている。このような結果は、間接的な因果関係からも生じる。なぜなら、獲得形質は両性の子孫に等しく遺伝するため、鮮やかな色彩という明確な雄の形質は雌のなかにも存在し、より強健な個体のなかで容易にかつ十分に発達していく。こうした諸事実が、理論を支えている。

　花弁や花のそのほかの部分に現われる色は、開花過程で放出される熱の度合いと直接関係していると考えられてきた。あらゆる状況下で、色が光や熱（とくに光）のかたちをとって運動速度や運動量と直接関係しているのは、きわめて確かなことだ。しかし、有機体では、運動と情動というのは同一過程の二面にすぎないか、少なくとも関係性においては非常によく似ている。

　性選択による説明がより必要となるのは、鳥の血管を流れる血の赤い色や、卵の明るい黄色や真っ白さ、また多くの卵の殻にある特徴的で華麗な斑点模様などよりも、鳥の華麗な羽衣を説明する場合である。もし、この選択の形式が、さまざまな貝殻または花や果実で比類なき色づけやみごとな色調を作り出すことに作用してこなかったとするならば、チョウや鳥類や四足類における性選択の作用を主張することはできないはずだ。チョウや鳥類や四足類はたしかに色彩感覚をもってはいるが、色よりもっと根本的な影響を受け、個体をひきたたせる魅力という高度な感覚をもっていることは明らかであり、これはダーウィン氏が大いに認めてきた事実である。これと似た影響については、人間は経験を通してよく知っている。たとえば、美しさや強さがいかに魅力的であっても、ほかの特質とのバランスから考えるとき、それらは魅力が不十分と考えられることが多いのである。

濃い色をしたすべての果実は、薄い色の変種に比べて、特有の強さをもった特別な種類の香りを放つことが知られている。薄い色と濃い色のサクランボ、白と赤と黒色のスグリの実、黄と赤と黒色の木イチゴ、そのほか地上の無数のベリーやもっと大きな果実を例にとれば、もっとも色づきのよい果実をつける木がもっとも丈夫で強い植物であり、また、色が状態の強さや一般的な機能の働きと密接に関係していることがわかるだろう。したがって、すべての生物の雄は子に栄養を与えることに雌はど直接的に関わっていないため、雄はより明るい色になることができ、こうして加わった特質を子に継承させることも可能となり、その結果、世界はいっそう美しいものになるのである。

両性の等価性という原則において、すべての下等な綱に属する生物では、色の明るさは典型的な雄の形質であるに違いない。

色と性的形質とのバランスがとれた関係について理解を深めたところで、ふたたび昆虫に話を戻そう。すると、雌は優れた栄養機能をもち、多数の卵が成長するときも雌はより大きな体になる有利さがあり、そして母親になる前からすでに活発な本能を備えていることは、雄がより優れた筋肉の活動性と性的な熱烈さをもち、それと密接な関係にある色の華麗さによって、両性は公平にバランスがとれていると考えられる。このように、それぞれの性で遺伝的に受け継がれた形質が、進化を促している。

　昆虫から魚類に話を移そう。それというのも、昆虫の多くは発達の終わりの時期にきて、大量の力を消費するような絶え間ない運動が集中して起こることはほとんどないのに対し、魚類は正反対だからである。綱としては、魚類も活動が非常に活発で迅速である。しかし、それは魚が棲息している水の濃度とある程度バランスのとれた活動であるため、結果的に力〔エネルギー〕の消費は非常に少なくてすむ。また、魚は冷血で、生命に必要な温かさを保つためにほとんど力を消費しない。種の大部分は肉食であるにもかかわらず、餌が豊富な地域に棲息しているため、陸上の肉食動物よりも草食動物に似た状況にある。魚は、ほとんどが自分より弱い獲物を襲って、飲み込む。雄も雌もパートナーのために餌を探し、運んでくるなどとは聞いたことがない。稚魚は卵のなかに蓄えられていた栄養物への依存を終えた後、若い個体も老いた個体も、自分で餌をとるよう強いられるのだ。

　魚類は綱全体として、脳や特別な感覚がわずかしか発達していない。神経系の発達から判断すれば、魚は聴覚が鈍く、味覚もほとんどない。しかし、嗅覚は少しもっており、餌をとるために不可欠な視覚はもっとよい。雌は単に餌を探して食べ、そして成長し、信じられないほど多くの卵を産む。雌が蓄えたエネルギーはすべて、こうした方向にほとんど消費されてしまうため、より高度な発達のために余ることはない。雌は異性に対する魅力をわずかにもっているが、子への愛情はさらに少ない。雌の体の大きさは雄を上回り、時には何倍も大きくなるが、そのような雌は同じ種の仲間や自分の子をまったく躊躇せず食べてしまう。

そうであれば、捕食者であり繁殖者でもあるこのような大食いの雌と、体の小さな雄とを、自然はどのようにバランスをとっているのだろうか。両性で体の大きさがかなり違う場合、雌一匹に対して何匹かの雄が選ばれ、状況に応じて一妻多夫がおこる。これは、おしべとめしべの関係の高級版である。もし、昆虫のようにもっとも栄養を与えられた卵が雌になると仮定すれば、両性の均衡を維持するために、自然選択によって一回に産まれる雄と雌の割合は調節されるはずである。

高等な魚は両性の体の大きさがほぼ同じであり、数値データはまだ不十分だが、雄と雌の数がほぼ等しいという結論にいたるだけの証拠がある。魚類はほかの綱に属する動物よりも、雄と雌それぞれの産まれる総計が非常に近い。それでも、数値データが示されなければ、バランスがとれているというにはまだ早すぎる。では、雄の魚は余力をどのように使っているのだろうか。彼らの呼吸システムは比較的大きく、より高い活動性を示している。雄はライヴァルどうしで闘うことが多く、いっそう華麗な色になるのだ。ごく少数の種類では、目立った第二次性徴を示している。非常に異なる目に属する多くの魚で、雌に母性本能のわずかな痕跡があることは例外的で珍しいが、雄には親の本能がかなり発達している。

両性の等価性を維持する必要については、その種に進歩と利益を加えてみるとよい。すると、単に体が同質で大きくなることに加え、魚の身体的および精神的なすべての進化が雄の系統で進んでいくことが当然と思われる。同一地域に棲む肉食動物の多くの種は、みなが共喰いをして極端に多産になり続けるか、あるいは絶滅の危機にさらされ続けるかのどちらかに違いない。雌のほとんどが栄養を与えることに直接かかわっているため、この目的に専念することになるのは当然である。陸上では、個体どうしが非常に接近した絶え間ない競争は起こりえない。すべての状況が大きく変化すれば、その結果、多様な種がさらに分化していく。植物と動物の生活は、海中や淡水中よりも陸上のほうがより直接的にバランスがとれている。したがって、陸上動物のほうが草食が多い。陸上では空気呼吸をしているため、水中の生活条件で呼吸をするときよりも、植物は直接的に、動物は直接的および間接的に環境に依存することになる。つまり、陸上動物の異なる種は習性が非常に異なるため、近縁種も含めた多くの生物どうしでは絶え間ない接近した競争が少ない。そのほかの理由としては、競争者と隔たっていることや、敵対者となる類似した個体そのものの数が少ないことなどが考えられる。

　陸上動物のあいだでは両性に、より幅広い役割分担をするよう促すものがあり、それは単に種と種のあいだだけでなく、種のなかでの性と性のあいだや、個体のなかでの機能と機能のあいだにも存在している。その結果、雄と雌は似たような進化をすることができ、おそらく高等な目に属する生物では両性が同程度になる。

　魚類にも、生理学的および心理学的な発達がみられる。高等な目に属する魚は構造的には哺乳類に近く、下等な魚に比べてはるかに近い。「いくつかの科に属する魚は巣をつくる。そのような魚のなかには、孵化後も子の世話をするものがある。両性が同じように鮮やかな色をしている *Crenilabrus massa* や *C. melops*［ギザミベラ］は、両性が一緒に海藻や貝殻などを集めて巣をつくる。しかし、ある種の魚では、これらのすべての仕事を雄が引き受け、その後の稚魚の世話も雄だけがおこなう」[11]。「南アフリカとセイロンに棲息する二つの異なる目に属する種の雄は、雌が産んだ卵を自分の口のなかや鰓腔のなかで孵化させるという、驚くべき変わった習性をもっている」[12]。卵の上になって温めるプロモティス属（*Promotis*）やその他の魚は、時には親が子の世話をし、それは「稚魚が巣から離れすぎたときには必ず、優しくそれらを巣のほうへ導く」[13]と表現されている。魚では愛情をもって子の世話をするのは、とくに雄の役割とされている。なかでも奇妙な習性をもつタツノオトシゴ（*Hippocampi*）やヨウジウオは、その役割を忠実に守り、自分の袋のなかに子どもを入れてどこへでも大切に運ぶ。通常、雄がこうした役割をおこなっているあいだは、ほかの時期よりも色が華麗で、その明るい色合いは雌に比べてはるかに際だっている。ソレノストマ属（*Solenostoma*）は、「雌のほうが雄よりもずっと鮮やかな色の斑点をもっているにもかかわらず、雌だけが育児嚢を持ち、そのなかで卵をかえす」[14]。ダーウィン氏は、「この驚くべき、雌における二重の形質の逆転が単なる偶然によって生じたとはとても考えられない」[15]と述べている。彼は、雄が子育てという高等な役割をおこなうときに抱く感情の発達段階と、色の華麗さでまさることのあいだに、密接な関係があるとはっきり認めている。親としての本能は、雄ももっている。

　ところで、もし魚の雌がその構造と環境条件によって、成長と生殖という二つの機能に狭く制限されていなければ、これらの目的を推し進めるのにふさわしい身体的および精神的な発達は非常に大きくなり、受け継がれる子への愛情はさらに大きくなるだろう。そして種は、より高等なレヴェルへと速く進めるはずだ。しかし、卵の数の多さが種の保存に絶対的に必要な限り、またそれにともなう母親の体の大きさが必要な限り、これら二つの特質は他の高度な発達よりも優先される。

海棲生物だからといって、植物よりも、進化にとってそれほど好ましい条件にあるわけではない。植物は依然として、生殖に関する下等な方法と高等な方法を交互におこない、移動によってエネルギーを獲得することもなければ消費することもない。しかし、魚類は構造と機能がはるかに高度で、不利な状況にあっても進化の段階をゆっくりと上がっていく傾向にある。そこで、雄は公平な役割分担により、すべての心理学的および機能的な発達における手本となっている。

そうであれば、魚類では「両性に平等に形質が遺伝する法則」が「一般に広まる」ことができず、これら哀れな「機能上の母親」がすべての高度な精神的特質を非常にゆっくりとしか発達させることができなかったのは、なぜだろうか。魚の雄もいつかは「クジャクの雄が雌より装飾的な羽衣を持っているのと同じように、魚の雌より精神的資質においては優れたものになるであろう[1]」ことが起こりえないのは、なぜだろうか。こうした影響はすべての雌の魚に及び、栄養を与えることと密接な関係にある雌の性の進化を妨害するか、非常に遅らせるように働いている。しかし、雄の魚は子への負担が軽いため、体の小ささが雄自身にはまったく不利にはならず、種にもほとんど不利とはならない。こうした雄の状況では、余力を身体的活動に使い尽くすことは容易ではない。では、なぜ雄は雌と比較したとき、脳の発達と精神的進化において圧倒的進歩を遂げてこなかったのだろうか。もし、より多くの酸素供給が不可欠だとしたら、クジラのように肺を持ったであろう。多くの種のうちどの種も、この方向にはほとんど発達してこなかったことが重大である。両性には確かな自動的均衡が必要だからという理由以外に、魚の雄の発達が雌と同じくらい停滞している理由を探すことは難しいだろう。いいかえれば、新しい個体それぞれの細部にまで及ぶ適応と、生殖にかかわる要素における相補的なバランスの必要性という、この二つが理由だと考えられる。種は、こうして資質が平均化され、同じ重要なレヴェルにあり続け、そして、ともにゆっくり進化の段階を上がっていくよう運命づけられている、と考えることができる。高等な魚類の雄は、つねにもっとも活動的であり、もっとも激しい気質をもつ。こうした雄が親としての本能を発達させてきたという説明は、容易に理解できる。

爬虫類〔両生類〕は、気質やいくらかは習性においても、魚類とかなり類似している。しかし、構造はもっと高度で、生活環のすべてあるいはその一部が陸上にあり、さまざまな種のなかには性の均衡維持に必要な形質をまさに獲得しているものもある。爬虫類〔両生類〕の雌は、魚類の雌に比べてそれほど多産ではない。通常、雄のほうが活動的で鮮やかな色をしているが、両性の体の大きさはほぼ等しい。普通は、どちらの親も子に栄養を与えることにあまりエネルギーを使わないが、例外として、子の世話は両性でほぼ同等に分担されているようだ。スリナムヒキガエル（Surinam toad）の雄は、雄が置いた卵を背中にのせて、それが完全な形のカエルになるまで八〇日間も運ぶ。サンバガエル（*Bufo obstetricians*）というヒキガエルは数珠のような卵帯を後肢に巻きつけて運び、子の眼ができる時期まで続けて、オタマジャクシになったら水のなかに置く。その子たちが包まれたゼラチン状の塊は、栄養が詰まっていることがわかっている。ダーウィン氏は、「カエルやヒキガエルがもっとはっきりと目立つ性的相違を獲得しなかったのは驚きだ」というが、機能のバランスという理論からすれば驚くことではない。両性は体の大きさが等しく、雄の気質のかなりの熱烈さや構造上のわずかな変化が、雌の生殖にかかる負担の大きさに対してバランスをとっているに違いない。また、雄は発声器官も高度に発達している。

別の爬虫類についていえば、子はすでに孵化した状態で生まれてくる。そうした爬虫類は、さまざまに変化した形質のバランスがとれていることがわかる。しかし、習性の活動性においてはつねに雄が雌を上回り、雄は活発に動くが、雌はじっとして日光浴をしている。また、体の大きさでは、両性とも大きい有機体を作り上げて維持し、動かすことに多くのエネルギーを要する。さらに、雄は鮮やかな色や構造上珍しい変化をしている。こうしていかなる場合でも、雄が外的な表現形に費やす力と、雌が子に注ぐ余剰な力とが、同等であると考えられる。また、トカゲは非常に目立つ第二次性徴をもっている。

クジラの仲間（whale）や、［ネズミイルカなど］鼻先の丸いイルカ（porpoise）や、［マイルカなど］鼻先のとがったイルカ（dolphin）といった温血のクジラ目は、魚類のように海に棲息するにもかかわらず、陸上の動物のように肺で呼吸し、その構造は生活様式にみごとに適応している。クジラ目は比較的大きくて活発な頭脳をもち、生理学的にも心理学的にも高度に発達している。しかし、ほかの海棲動物と同じように、親の愛情が本来、雄で発達してきたことはおよそ確かだと思えるが、雌は雄と同等に進化し、その有機体が複雑なものに適応することで、伝統的な雌の形質を受け継いでいる。

母親が進化において遅れたままであることは不可能で、雌の通常の発達から直接的な栄養にかかわる機能をなくすことなどありえないと証明されている。養育に先立って、親の愛情がなくてはならない。魚類のように無数の卵が成長していくチャンスを残しておく代わりに、クジラ目の数少ない子は母親に世話をされ、母親の本能的な配慮や献身的な愛情を受けて育っている。

「ジュゴンの雌は、通常一回の出産で一頭の子しか産まない。このように子に強い愛情を抱いているため、もし子が槍で突かれるようなことがあると、母親はなかなかそこから離れようとせず一緒に捕らえられてしまう。マレー人は、この動物を母性愛の典型と考えている。ジュゴンの子は短く鋭い声を発し、涙を流すともいわれており、その涙は護符として多くの人びとによって大切に守られている。ジュゴンの子の涙が母親をひきつけるように、その護符で自分の愛する者の愛情を手に入れることができると思われているのだ(2)」。この献身的なジュゴンの母親は、一般的な用語ではまだ魚と呼ばれているように、たしかに形は魚に似ているが、実際は哺乳類の構造をしており、心理学的な特質も哺乳類と血縁関係にある。これは、生物の階梯においては、小さな体をしたトゲウオよりはるかに高度である。トゲウオという魚は、並外れた食欲で自分の子を食べてしまう。トゲウオの雄は巣をつくり、稚魚に配慮して育てるという高度な機能をもっているが、われわれの理論によれば、それは多産の雌が栄養負担に専念するのとバランスをとるために、雄に備わった機能である。そうならば、望ましい均衡を維持するため、ジュゴンや海で生きるほかの哺乳類の雄は、どのような形質を選択してきたのだろうか。

オーウェン教授[16]は、ジュゴンやイッカクの雌の牙は成長が止まり、骨や皮膚に埋もれて一生隠れたまま残っていることを発見した。ほかにも、彼は、歯牙発生における明らかに重要な性差を見つけた。それらは、陸上の草食動物に角があるように、「雄の余分な付属物」になっている。かつては雌にもついていたものが今はなくなったか、あるいはもともと雄の獲得したものが雌では発達しなかったのか、その差異は栄養機能の違いによるのだろう。雌には、牙を大きくするのに費やせる力がほとんどない。海に棲息する種の生態について、人間はわずかな知識しかもっていないため、両性の習性における差異についてはほとんどがわからないままだ。そのような雄には、構造的変化に加え、より高等な動物の雄が通常もっている形質も獲得してきたと考える十分な根拠がある。

ネズミイルカは、回転し、宙返りし、水から飛び跳ねる。ある晴れた日に船先にいた船員は、マッコウクジラが空中に飛び跳ねるのを目撃したが、そのジャンプは非常に高く「六マイル離れたところで」も観察することができた。マッコウクジラは、一時間に一〇マイルから一二マイル泳ぐことができる。クジラの群れは、速く泳いだり、飛び込んだり、飛び跳ねたりと、荒々しい海のスポーツをして大量のエネルギーを費やしている。雄のほうが必ず活動的なのは、生理学的に確かなことである。マッコウクジラについていえば、雄はより体が大きいことがわかっており、同じ年齢ではおそらく雄のほうが雌より体格が大きいが、多くの種ではどちらの性もほとんど際限なく成長していくように思われる。マイルカやネズミイルカなどは、ほかの海棲動物に比べて体は大きくないが、比較するとはるかに大きな脳を持っている。脳は力［エネルギー］を消費し、精神的発達を保証するものだ。イルカの知能はいかなる四足類と同等だと信じられ、両性にはそのような知能が同様の方法で分け与えられていると考えられる。なぜなら、イルカの雄の形質は陸上の草食動物と非常によく似ているからである。

　クジラ目のすべての種は高度な社会性をもち、しばしば群れをなしてともに移動する。マナティは子を敵から守るため、集団の中央に位置させる。

　マナティやジュゴンは、人間の女性が子どもを腕で抱くように胸びれで子を抱える。クジラには母子がペアでいるものを見かけることがあり、母親は子の傍に寄り添い、子のためにいつでも自分の命を犠牲にしようとしている。したがって、子が銛《もり》で仕留められると、母親も捕獲されてしまう。そうした母親はどうしても子を見捨てないため、簡単に捕まってしまうのである。

　こうしたことはすべて、魚類の習性といかに異なっていることだろう。通常、魚の雌は子への愛情がまったくなく、社会的本能もほとんどないことが多いと思われている！　しかし、母親は一回の孵化で生まれる一〇〇〇匹から一〇〇万匹もの稚魚を、どのようにして愛すればよいのだろうか。個体の精神的発達が進むことを期待する前に、まずは数少ない個体が長く生き延びて繁殖できるような、よりよい状況を種として見いださなくてはいけない。もし、両性が進化において同じ割合で進んでいくことができなければ、雄も雌も大きな進歩を遂げることはないだろう。生物のあらゆる段階の一般的構造において、両性はつねにほぼ同一であり続けてきたのである。

　高度な構造と関連した恒温性や活動的習性に表わされているような機能の分担が進んだために、栄養供給機能は多くの身体的および精神的な活動に比べて、多少なりとも従属的地位に置かれることになったのである。一方、運動や感覚や情動、本能や知能などはすべて、特別で高度な利用や生活様式に適応している。

スペンサー氏は、機械の原理によれば、体の大きさと活動性とのバランスをとるために、同等以上の力の強さが要求されるとしている。これにより、雄は成長と移動にもっともエネルギーを費やし、どの家族集団でも外部では活動的なパートナーになるだろうことが、すべての高等動物における法則だとわかる。社会的な絆の形成に、雌は直接的な力の相応する大部分を充てる。たとえば、雌は、子に栄養を与えて世話をすることが雄より多く、また、家族が直接に必要としているものに技能や時間、愛情や知能をより多く捧げるのである。

ほとんどの鳥類では、雄が多少なりとも巣作りをし、卵を温め、家族を養うために餌を与えるのを手伝う。これらすべてが、力を消耗する役割である。また、家族を守ること、にぎやかにさえずること、絶え間なく元気に活動することも力を消耗する。カーペンター博士は、つぎのように述べている。「一般的にみて、孵化後に親鳥がヒナを世話する期間の長さは、羽毛や、とくに飛ぶための羽根がより完全になるのに比例することに注目すべきである。したがって、こうした比較的わずかな変異でも、生物が最終的に達する発達の程度が高いほど、早い段階で親からの援助をより多く受ける一般法則の例証となっている」。そこで、この主張を、ゴクラクチョウ（Birds of Paradise）や多くのキジ目（gallinaceous birds）などもっとも装飾的な鳥類にあてはめてみる。それらの鳥はすべて、長い期間栄養を与えてもらう必要がある。しかし、そのような種類の鳥はたしかに一夫多妻であるか、または少なくとも雄が無関心な扶養者で、ヒナ鳥の世話はすべて雌にまかせている。そうならば、雄の余剰なエネルギーがみごとな羽衣に変わる一方で、雌はいまのように簡素で装飾のないままであろうと考えられる。

逆に、いくつかの目に属する少数の種の鳥では、雄が抱卵やヒナに餌を与える役割を進んで引き受けており、そうした場合、われわれの仮説のように両性は多くの形質を完全に交換している。オーストラリアのミフウズラ科（Turnix）の鳥は、雌の体の大きさが雄のほぼ二倍である。しかし、インドに棲息する雄は「喉と首には黒い部分がなく、羽毛全体の色合いが雌に比べて薄く目立たない」。雌は「もっと騒々しく、好戦的」であり、シャモのように闘い続けるのは、雄ではなく雌である。雌は産卵後、「群れに戻って、雄に卵を温めさせる」。また、ヒクイドリ（cassowary）の雄も母親のような役割を果たし、「体が小さく、明るい色をしていない頭には付属物がついて毛が生えていないことから、よく雌と間違われる」。

ウォレス氏[17]は、羽衣の色が地味であることとヒナ鳥を養育する役割を引き受けることとのあいだの関係にはじめて着目し、「くすんだ色は、営巣期間中の防衛のために獲得した必要不可欠な結果だ」と考えている。ダーウィン氏はそれを性選択の逆の事例とみなし、「雌の魅力に徐々に加わっていったもの」だとしている。たしかに言えるのは、「本能、習性、気質、色、体の大きさ、構造のいくつかの点で、ほぼ完全に置き換えられるものが、両性のあいだで影響しあってきた」ということだ。雄の形質と雌の形質という正反対のグループが、「まったく等価なものと認められるであろう」ことは、注目すべきである。つまり、子が母親に求めるエネルギーとして雌がもっている保護的愛情は、雄が美しさや活動性や勇敢さに費やすエネルギーの総量に等しい。

　生理学的な特質と愛情深い特質は、通常、多少なりとも際だった対比で分類されるものだが、鳥類ではそれらがよく似たかたちに平均化することが例外なく起こっているようだ。コウウチョウ（cowbirds）やカッコウ（cuckoos）は、托卵によって両性ともヒナ鳥を養育する役割を免れているが、これらの鳥は雄が雌に比べて色が明るく、少なくともカッコウは雄のほうが雌より体が大きい。しかし、雌は早い時期から卵の殻のなかに栄養を供給し、托卵するのにふさわしい巣を探し出す本能が発達している。これら営巣しない流れ者の母親が、ほかの鳥の巣を奪おうと絶えず狙っている様子は、自分の家を守る可愛らしい主婦にみられる自信に満ちた動きとは、大きく異なっている。これは、雄と異なる精神的発達の証拠だ。こうした托卵する鳥の一般的な習性が両性で似ていることを考えるとき、両性で異なる形質はすべてうまくバランスがとれているとわかるはずである。

　時に栄養を負担するとしても、両性の習性にみられる多様性に比べれば、それは差異を生じさせるにはそれほど影響しないはずである。よく知られている鳥の大部分は、ほとんど同じ生活様式をとっている。主として、それらは非常に似た状況で暮らし、世帯の維持にかかわる役割を分担し、一緒またはほぼ同時に渡りをする。その結果、普通は雄のほうが体も大きくて色も明るく、歌が上手である。つまり、活動性ではつねに雄のほうがある程度上回っているが、それでも両性は互いに非常によく似ている。雄には特別に変化して目立ったところはほとんどなく、通常はまったくない。

より華麗なほうの性が「とさか、肉垂、こぶ、角、空気で膨らませた嚢［たとえばグンカンドリの赤い咽喉嚢など］、冠毛、むき出しの羽軸、羽毛、体のすべての部分から優美にのびている長い羽など、あらゆる種類のものでさらに飾られている」場合、両性の習性となっている生活様式には、例外なく何らかの顕著な違いがあることがわかる。家で飼われているニワトリは、餌が豊富な環境で暮らしている。メンドリはたくさんの大きな卵を産み、自分の体温で温めてヒヨコに孵し、数週間一緒に寄り添い、自分が食物を食べないあいだも子が食べるのを辛抱強く待つ。オンドリは自分だけたくさんの栄養をとり、尾を上げ下げして誇らしげに歩き、競争相手と闘い、メンドリに威張り散らし、けたたましく鳴く。そして、蹴爪やその他たくさんの装飾を持つ余裕ができるが、それらは構造を発達させるのにも、種として体をさらに大きくするのにも、どちらにも不用で余剰な栄養の簡便な使い道である。野生のシチメンチョウの雄は一〇羽から一〇〇羽の群れで一緒になって平穏に暮らしているが、ほとんどの時間を彼らだけで過ごし、若い雄に出くわすと頭を突いて殺す。一方、母親は、幼鳥と一緒に家族もしくはより大きい集団のなかで、安全な距離を保ちながら後ろについて歩き、わずかな餌を拾うが、幼鳥を守ろうとする母性本能はつねに備わっている。

ダーウィン氏は、複婚［一夫多妻と一妻多夫］であることと雄だけが特別に持つ付属物のあらゆる種類とのあいだには、何らかの密接な関係があると確信している。また、複婚であることと餌の入手しやすさのあいだにも、何らかの密接な関係があるとも述べており、ここでいう餌とは、若い個体も老いた個体も、それぞれが自力で得なければならない餌のことである。しかし、ダーウィン氏は、下等な種がきわめて複婚的であることを知らずにいる。南アフリカのライオンは一夫多妻で知られる唯一の大型の肉食動物だが、「陸上に生息するすべての肉食動物のグループのなかで、際だった性的特徴をあらわしている」唯一の動物でもある。一夫多妻は、雄が親の公平な役割分担を免れることを意味し、鳥や獣など、餌がすぐその場か簡単に行ける場所で見つかるような陸上の動物のみで可能となり、だからこそ、子育てのときに子を守ろうとするすべての負担は、母親が引き受けられるという。

しかし、非常に多くの草食動物のように、何らかの原因で雄が雌とは違った生活を送り、家族の世話をしないですむ場合はつねに、雄は構造が類似した別の種の雄と多少だがある程度変異し、また自分と同じ種の雌と比べればさらに変異していることがわかっている。もし、両性が違った習性をもち、役割分担が同等ではなかったり異なっているとすれば、彼らが一夫多妻かそうでないかは本質的な問題でないと思われる。草食動物の多くが群れで行動し、通常、両性は離れた場所にいるが、雌と子は体が大きく好戦的な習性をもつ数頭の雄に付き添われていることもある。トナカイの雄と雌は、冬は別々に過ごし、春になると共通の場所で再会する。これは、すべての群れにとって互いに有利となる習慣である。

これら草食動物の母親は雄と離れて暮らす習性によって、好戦的な雄どうしの争い、速い移動や遠くへの移動を免れることが多い。また、費やすべき余剰のエネルギーが雌にほとんどないとき、またはか弱い子が過酷な旅で死ぬかもしれないとき、母親は雄と別々に暮らすことでより多くの餌を得るチャンスが与えられる。一方、家族への負担が軽くてすむ雄は、余剰な大量のエネルギーを何かに向けるが、そこに激しい活動が加わることで、雄はより強く体も大きく強健になる。これらの子孫は、母親による特別な世話と同じくらい本質的に、父親に付加された活力によって得をしている。しかし、肉食動物や鳥類の子は、父親が調達し運んでくる餌をもらう以上の恩恵は受けない。

体の大きさが両性で非常に違うことは、どのような高等な種にとっても有利とはならない。この不均衡は、解消する傾向に向かう。けれども、雌がより大きな体を遺伝させるには限界があるはずで、雌は強さや活力をそれとは別の方向に向ける必要がある。したがって、雄だけが特別に持っている付属物としては、巨大な大きさにまで成長して毎年抜け落ちる立派な角、またクジャクや百日キジやゴクラクチョウなどにみられる長く華麗な羽などがあるが、こうした非常に多くの異なる種が持っている雄の余分な付属物は、その全部ではないにしてもほとんどが、家族に対する役割の負担を免れている有機体だけに付いており、それは生きていくのに必要な餌の性質による。

このような変異は第二次性徴として分類され、生殖と密接にかかわっていることは当然と思われる。基本となる社会的本能は、子孫の創始か子孫の保護のどちらかに向かう傾向をもっているが、その二つは同じ性のなかで両方同時には起こらず、どちらの性でもひとつだけが起こり、一般的に高度な発達をしてきたのである。しかし、草食動物と鳥のキジ目の雄が、親の愛情を明確に示すことはほとんどない。雄の完全な精神的発達は、少なくとも社会的な面では、明らかに性的本能を通して獲得されたものであり、それは雄どうしが競争するときにみられる好戦的衝動や技巧、誇示や性的儀礼という一連の性的本能に対する反応である。クジャクはどのような場合でも、みごとな羽を広げる時間的余裕をもち、その羽を広げる能力も発達している。一方、せわしなく働く小さな家長は、最良の麦わらを最上の方法で自分の巣に編み込む工夫をしている。そうした雄は、巣で抱卵の役割をおこなうこともあり、自分より忍耐強いパートナーに朝食を運び、生まれたばかりのヒナに雌が消化してふたたび餌を与えることに雄として喜びを感じ、最善を尽くしてヒナを養い、幼鳥が十分に成長したときには飛び方まで教える。この高度に進化し、バランスのとれた鳥のなかの名士とも言える雄は、生活の優美さだけにエネルギーや時間を費やすことはない。雄はめったに歌わず、雌に比べて体はわずかに大きく、わずかに鮮やかな色をしているかもしれないが、それほど好戦的ではなく勇敢でもない。しかし、雄が授かったこの才能は、派手な外見をした鳥の仲間であるキジ目の雄の才能とまったく等価だといってよい。

これは、力［エネルギー］の保存に関する単純な問題である。近縁種の生物は、雄と雌が生理学的にも心理学的にも同レヴェルに発達し、ほぼ同量のエネルギーの消費と部分的な調節方法を獲得してきたと考えられるはずだ。エネルギーをある方向に使えば、ほかの方向には使えない。精神的活動は、運動やほかのエネルギーの状態と同じようにたしかに力を消費し、また一つの経路で発達してきた思考や感情は、別の経路では限界があることを示している。

雌の子が遺伝によって、おそらく雄の形質とみなされるものを受け継ぐ場合、その子は一般的に活動的で強健な種に属し、代わりに雌から遺伝で形質を受け継ぐ雄もしばしばみられる。唯一、トナカイは雌が雄とほぼ同じ大きさの角を持つ種だが、雌はとりわけ頑丈かつ剛健で活動的な集団を形成し、飼い慣らされれば、はやい速度で持久力をもってそりを引くことができる。子は生まれて数日すれば、母親についてどこにでも行けるほど強くなり、まもなくして子はかなり自立する。こうした事例にも、相関関係にある成長の原則がいくらか適用できるようだ。雄や子を産まない雌は一一月に角が抜け落ちるが、母親は翌年の五月に子を産むまで角を残しておく。反芻動物の多くの雌が持っている小さな角は、もともとは雄が獲得したもののように思われるが、いずれにせよ護身に役立ち、一般的には死ぬまで角は残される。それらの維持には、わずかな負担でよい。

しかし、自然の状態では「突然の変種」すなわち構造上突然の大きな変化はめったに起こらないが、動物の飼育および植物の栽培においては、状況の変化と食糧の豊富さがおもな要因となって頻繁に起こる。この原則によれば、非常に繁殖している雄は突然に変異したか、もしくはダーウィン氏が想定するよりも短期間に変異してきたことが、不可能とは言えない。そのような変異が、もともと個体から個体へと非常にわずかな成長が積み重なることで徐々に獲得されたにせよ、あるいは、一個もしくは多くの動物でもっと速い成長がおこって徐々に獲得されたにせよ、子孫に伝達されて、種が変異していく傾向は、ほぼ例外なく雄の系統で進んできたと考えられる。こうした特別な構造的変化に類似したものは、雌では雌特有の機能に必要なもの以外あらわれないだろう。昆虫は、適切な栄養がとれる場所に卵を産みつけるとき、植物を切ったり穴をあけるという不思議な手段が発達しているのが多くみられる。高等生物では、特別な目的のために別のさまざまかつ有益な分化をしているが、無用で外見上無益な付属物を雌がつくり出すことはまったくない。このような付属物を雌が遺伝で受け継いでいる場合は、相関関係の法則と性的均衡によって獲得されたと考えられる。どちらの性も、体質の強健さとそれに関連した成長の法則が許す最大限まで、つねにもう一方の性の形質を発達させていると考えられる。しかし、一般的に反芻動物は、それほど高度には反対の性の形質を発達させてこなかった。負担が重くかかる母親は、雄のように好戦的になったり、速く長い移動を経験したり、無用どころかひどい装飾を大きくすることに費やすエネルギーは、ほとんどないためである。雄は雌と異なる習性をもち、親の気遣いや優しさよりも、強さや気力や勇気を発達させることで、種全体のためになっている。こうした雄と雌の形質という二つのセットが子のなかで合体してはじめて、一つのセットがもう一つのセットと直接的にバランスをとり、それが子の性のなかでともに発達することで、どちらの性ももう一方の性から形質を受け継ぐことができるのだ。つまり、雌は、母親である雌の特徴と父親である雄の特徴の両方をもち続けると言える。

両性とも進化を続ければ、時間の経過にともない、複雑な適応という相互の調整点がより多くあらわれる。そうして、一方の性あるいは両方の性が、もう一方の性の形質を発達させはじめる。華麗な色をした雄の鳥が、母親である雌の習性や経験や衝動を獲得している場合、雌は反対に雄の形質の重要性とバランスのとれる何らかのものを獲得していると考えられる。雄が相対的に体が大きく、華麗な色で、活動的かつ好戦的であるなかで、これらすべてを兼ね備えた雌も少数ながらいる。この法則を、大多数の鳥が例証している。多くの鳥の雌が華麗な色であるのは、ダーウィン氏が考えるようにおそらく父親からの遺伝である。ハチドリがよい例だ。ハチドリの雌はすばらしい色をしており、雄は家庭的と言える特徴をいくらか分け合っている。肉食動物のすべての綱も、この法則を例証している。肉食動物は両性の色が非常に似ていて、斑点のあるヒョウや威厳をもったトラのように、色合いの美しさや華麗さが両性でまったく違いのないこともある。両性はどちらも強く獰猛で、興奮しやすく勇気にあふれている。どちらも同等に知能が高く、子への優しさも同等にもっている。南アフリカのライオンの雄も、近縁種が獲得してきた同じ雌の本能をいくらか分け合っており、ライオンの雌は生気にあふれ美しい。

哺乳類の雌の構造がより複雑なのは、雄の体が余分に大きいことに対する埋め合わせになっていると考えられる。それは、胎児の命が最初に始まってから、それぞれの性が完全に成長するまで続く発達の違いである。一方の性で生殖にかかる直接的な栄養が多すぎることは、もう一方の性では狩りに向いた余分な体の大きさと強さの維持に間接的な力を費やすことで、相殺されている。トナカイの角のように、雌が雄の形質を受け継ぐこともあるが、それは雌の形質で直接的にバランスがとれなかったものを、それに応じて、雄が代わりに遺伝で受け継いでいる場合である。しかし、雄と雌の第二次性徴の関係がつねに明らかとは限らない。成長の法則と遺伝の法則は、非常に複雑でよくわかっていない。ちょうど雄が、明らかに不便で非常に無駄の多い形質と思われるものを発達させ、単なる娯楽や気晴らしに大量のエネルギーを費やす習性をもっているように、雌がそうした雄の形質を遺伝で受け継いでいる場合、雄はその埋め合わせとして、そのまま雄の形質を強める方向に進むだけになってしまう。そして、いまは説明がつかないが、良い個体が種全体の最終的結果としてあらわれてくることにもなる。このように、単に形質が遺伝するよりも変異をおこすほうが、はるかに大きな力の余剰を表わしていることは確かである。また、基本的な発達の細部では、雄と雌が互いの類似物になっていることを忘れてはならない。呼吸作用や神経系、骨格や生殖力を持った器官はすべて、それぞれの性で多少変化してきたにもかかわらず、ともに発達してきたため、種のすべての有機体は、もう一方の性である補完的な有機体と直接呼応しあっている。したがって、すべての余剰な形質はバランスのとれた良い働きをする機能をいくらかもち、種にとって明らかに有益となることが十分に考えられる。

鮮やかな色を［外界の］暖かさや活動的な特質に、また有機体中の関連する原子の究極的構造に結びつけて、私は考えてきた。植物では、生育土壌が色に影響を及ぼしている。動物では、同じ餌でも過不足によって毛並みの艶に違いが出る。人間では、刺激的な食事や興奮させる飲み物が顔の色艶を良くする。しかし、遺伝的であれ習性によって獲得されたものであれ、すべての形質は、子孫へと伝わる傾向がいくらかある。色はその起源がどのようなものであれ、自動的に調整され左右対称になる普遍的な傾向がいくぶんある。色が規則的な配列でまとまることは、必然的だと思える。つまり、くっきりした線や、それとは別に左右対称の斑紋や、または陰影のついたさまざまな色合いの斑点になる傾向がある。その唯一の例証として、すべての動物が持っている強烈ですばらしい色をした眼とは、いったいどのようなものだろうか。この驚くべき器官である眼は、色を凝縮して徐々に変化させるという魅力的な傾向をもつだけではない。その中心に向かって吸い込まれるような生き生きとした深みのある眼は、精神的な経験が表われている鋭敏で美しい視線の強さと、色を作り出すときの物体としての光の動きと、その両方に関係していると思われる。もっとも熱を帯びてもっとも冴えた感覚が、適切に外側へ向かうシンボルを獲得してきたのである。また、視覚は、強烈な白熱光を生じさせる分子の速い運動に関係するが、これ以外の原因では起こりえないのだろうか。

鮮明な色をした物質は、温度が高い状態や光が明るい状態と直接的に結びつかなければ、自然界にまったく存在しないだろうと考えられる。また、魚の鱗やその他の翼や羽にみられる小さく鋭角的で光沢のある反射体は、単に機械的な結果をもたらすよう体の一部が機械的に変化したにすぎない。これは理論にとってマイナスになるものではなく、むしろ理論をいっそう強固にするために役立つだろう。さまざまな小さい機械的装置は、多色の光彩を持つ小さなシートのように光を反射する多くの変形プリズムにすぎず、それは光そのものの要素に応じて調整されていると考えられる。自然は、日光との関係もしくは太陽光線が透過する水中だけで、そのプリズムを作り出すことができる。闇はわれわれの視覚から色を消し去るため、光も温度もないところでは、色に影響を及ぼすそうした原子のあいだの関係はまったくないと考えられる。

化学的結合は熱と色の両方をともなない、どちらも明らかに密接な関係をもっている。多くの宝石は、非常に明るくきわめて調和した色をしている。チョウの翅に多くみられる、みごとに陰影のついた眼玉模様は、クジャクの羽にも壮麗についており、それらは他のすべての集合体と似たような発達をしてきたと思える。陰影のついた花びら、または乙女の深紅の唇や一瞬だけ紅潮する頬が魅力として劣ることはほとんどない。同じような色の調和が、瑪瑙《めのう》や深い色をしたすべての宝石や、無機的な世界の多くの色にみられる。また、同じような色の調和は透明な結晶体にも作り出され、つまりは有機的および無機的な自然におけるあらゆる形態や活動のなかに存在している。それは、バランスのとれた活動の結果、いいかえればバランスのとれた拮抗状態の結果であり、結晶化したあるいは静止した状態での引力や反発力である。有機体の細胞では、こうした拮抗状態が固定的かつ流動的に同時に存在している。というのも、有機体には際限のない過程がみられ、そこでは同質な物質と力が吸収、利用、排出され、全体としてはつねにあらゆる方法で、より広くより高い完全なものへと向かっているからだ。百目キジの持つ驚くほど陰影のついた眼玉模様や、ろうそくさしのような頭の装飾物と、鳥や獣や花の華麗さが、すべて徐々に獲得されたものであることは、ほかのあらゆる方向への進化と同じくらい確かである。現在生きている有機体の構造全体は、連続した変化のためだけでなく、連続した改良の可能性のために、明確にデザインされたと考えられるかもしれない。

美しいものへの愛は、生物のすべての種においてほかの感覚をもつ能力とともにつねに発達してきたこと、また、動物は好みの色やその他の装飾によって惹きつけられること、このどちらも疑う人はいない。それでも、もっとも美しいものを選ぶという性選択は、ダーウィン氏が進化の要因としてあげてはいるが、それが進化において顕著な役割を果たしていることには、少なくもまだ疑問の余地がある。

もし、美的感覚が下等生物や高等生物のどこにも発達しなかったとしたら、色と形はどちらもゆっくりと進化し、過去の時代ではさらにゆっくりと進化したことは確かであろう。色彩を持つ物質のなかにある一つの原子は、つねに別の原子を引きつけてきたはずである。いっそう複雑な状況が全体的構造を進化させるにつれて、この傾向は世代から世代へと強まっていくだろう。このように、鳥類、昆虫、魚類など日光を多く浴びて生活する多くの生物は、もし華麗な色の最初の原基を獲得できれば、これを完全なものにする方向に必ず進む。似たものは、どこでも似たものを惹きつける。この必然性は、すべての物体の原子の構成に存在する。似たような生来の必然性によって、脳とそれに関連した身体的進化が起こり、神経系は完成される。つまり、左右対称性と色彩についての認識は、ほかの能力との協働を生じさせる。

感覚を有する力と感覚を有さない力の関連性に、疑問をはさむ余地はない。しかし、この二つの力が互いに置き替え可能であることは、まだ証明がされていない。身体的な力のすべての様式がそれらのなかで交換されることや、思考が感情に、感情が思考に置き換えられることは、立証すべき問題である。ある有機体が身体的過労になると、すべての精神的な力はこの有機体と密接に関連しているため、ほとんど休止状態になるはずだ。脳が混乱した状態では、正しい思考はできず、美しい感覚や感情や決意も生まれない。より高度で複雑な脳が徐々に進化してきたことにより、思考も感情も活動もより高度な様式が可能になり、人間においては当然のこととなった。

しかし、脳は神経系全体からすれば一部分にすぎず、この神経系はあらゆる種で両性が異なる変化をし、ほかのすべての性的分化と相関関係をもっている。脳はいかなる場合でも、一般的構造と関連し発達してきたが、脳とそれ以外の神経構造における雌雄の分化は、一般的および特別な雌雄の差異と同じペースで進んできた。精神的特徴は、進化の途上にある有機体と同じように両性で根本的に異なっている。そこには明らかに、身体的特質のバランスと同じく、相関関係にある精神的特質のバランスが存在している。

アガシ教授が言うように、「生殖とは両性間のバランスのとれた対立にもとづくものである。両性は雄と雌の要素で対照性を成し、動物界全体を分割するとともに統合するものである。そして、このように互いに影響しあうことは、数で表わせる関係が同等だからといって続くわけではない……それにもかかわらず、この数的な分配がどれほど不平等に思えても、定められた正確さとバランスなくして存在はしないと、私は強く信じている。神は、一枚一枚の葉が深い森のなかで育っていくときでも、算術の法則に従って、その葉のついている枝に空間を分け与えるように、動物の命に対してはよりいっそうの配慮と秩序を分け与えていると思われる」。

「予定調和」は、物質の極小原子から成る内在的組織のなかに存在することがわかっている。刺激がある条件のもとでは、それらは明確な算術的結果をもたらすために協働が可能で、また実際にそうする。その高次の結果のひとつが有機体であり、もうひとつが有機体の進化である。これは少なくとも高度な段階では、精神的な力の発現、つまり知的および道徳的本質における最終的な発達がつねにともなって起きることを示している。あらゆる進化の理論は、意識をもった個体の進化で終わっている。たしかに、潜在的に感覚をもった不滅の原子が、現在確立している秩序の始まりから、有機体を通して精神的可能性を発達させることができたのか。あるいは、有機体のなかや有機体を通してのみ生じる精神的な力が子孫に続かない限り、衰えていきふたたび消滅してしまうのか。これらは簡単には解決できない問題である。また、これに関しては未確定なままの意見や異論があるだろう。しかし、有機的な力の関係はバランスをとってうまく適応しているため、あらゆる目に属する生物で雄と雌が互いにもう一方の性と補完的な等価となるように進化し、種の新しい個体のなかで再結合されるべき要素の分担が起こる。それは、進化が進んでいくあらゆる段階で絶えず例証される事実だからこそ、こうした方面に多大な注意を払っていれば、科学はたしかにこの問題についてわれわれにじっくり考えさせることになるだろう。「雄と雌の要素」が初期の機能の分担だけで生じたのかどうか、あるいは、精神的な原子に潜在的な性がもともと存在しているのかどうか、われわれが決められるものではない。また、そうすることが重要でもない。スペンサー氏のみごとな推論は、異なる外部の力が作用する結果として起こる、あらゆる有機体における物質と力の再分配に関するものだが、その推論を性別決定の異なる器官の力に適用すれば、どちらの場合でも雄と雌の分化は完璧で完全なものとなり、それが生理学的かつ心理学的なすべての属性に及んでいることがわかる。

そこで、男性と女性の特質のバランスについて述べておきたい。自然における特別な適応と経済効率は、最初から活発に働いている。将来、女性が男性と同じ体の大きさになるはずはない。つまり、自然は繊細な配慮によって、新しい有機体のなかで原子に原子を加え、男子の場合よりも女子に対しては適さないものをより厳格に排除する。しかし、その働きは同等のエネルギーをもってなされる。

なぜなら、もっと小さな範囲ではそのようにして作り上げられる構造もあるが、部分で比べれば、男性の類似物である女性はいかなる細部においても完全さで劣るわけではなく、女性に特有な別の器官によって補完され、それは男性では単に未発達な器官でしかない。

ヨーロッパの養蚕家は、重さでカイコの幼虫の性別判定をおこなうといわれている。同じ方法によって、人間という種も体系的に両性を区別することができ、胎児の生命の誕生から一二歳か一四歳のあいだと、また一六歳か一八歳～四五歳か五〇歳のあいだは、体重によって性別がわかる。しかし、両性の相対的な体の大きさは、カイコと人間では逆である。カイコは成長と生殖という二つの機能しかもっていないため、そこで余剰になる栄養はきわめて重要である。自然選択は、種の繁栄にもっとも直接的に貢献するほうの性が、有利な条件で優位に立つと決めている。人間には多くの機能があり、取り巻く状況は複雑である。しかし、どのような潜在的能力の系統が性の決定に十分なものであるかについて、科学は判断をしてこなかった。

女子がほとんど成長を終えるころになると、それまで兄弟と体の大きさが同じになどならなかったにもかかわらず、突然、体の大きさが追いつくか追い越しさえする。その理由は、女子では器官の発達という仕事が完了し、似たものを増加させていくという単純な作業が、速やかに成し遂げられるからだ。子どもの成長に必要であれば、自然はすでに需要に応じられる力を蓄える過程を開始している。もし必要がなければ、排出という周期的な仕事［月経］をすぐにも始める。もし必要があれば、その蓄えておいた力を子どもの成長に充てる。この充当は、母親が本来自分に供給する栄養にかかわる力や、女性という有機体の経済効率のなかで、その機能全体とともにほかの目的に向けるべき力を支出するのではなく、少なくともそのような意図がないことは明らかだ。入念に作り上げられ高度に発達した生殖システムは、栄養にかかわる適切で完璧な関係をもって、女性という有機体の特別な機能として進化してきたのである。

生殖過程のために継続的かつ機能的に蓄えられた栄養は、緊急の事態では、あらゆる機能が別の機能と密接に関係しているため、適切な使われ方から別の目的に転用される。生殖システムに負担がかかりすぎ、食物が十分でなく、病気や別の進行によって健康が損なわれてしまう場合、この蓄えは通常の目的に使われる。しかし、この例外的な転用は、ほかの栄養状態が悪化するにつれ、つぎに述べるような種類の妨害を受けることになるだろう。脳が酷使されると、身体に必要なエネルギーが奪われ、そのバランスをとって身体は弱まる。筋肉が運動過剰になると、脳は負担を強いられる。生殖機能の負担が大きすぎると、有機体全体は衰退する。そこで生理学者が認めているのは、重要な神経中枢はバランスのとれた活動をするよう維持され、適切な栄養供給を引き出すことである。消化器官は、それ自体が活動と休息を交互におこなわなければならず、あらゆる神経と器官もそうでなければならない。なぜなら、すべての作用が相関関係にあるからだ。女性の機能は、他器官と調和したシステムにあるべき場所を見いだし、男性の機能と同じくらい正常かつ健康的であるが、女性のほうがより根本的である。女性の機能の周期性や出産や授乳はすべての器官にかかわり、それぞれが関係しあっている。それはわずかに健康を害する原因でもなければ、一般的な栄養機能から何かを差し引くものでもない。それらはすべて、バランスのとれたほかのすべての活動と同じように、精神と身体の両方により大きな活力を与えるものである。ある程度の能力やすべての能力を正当に使うことは、力を増強させるものであって、消耗させるものではない。個人の幸福とバランスのとれた機能の働きのあいだのほうが、個人の幸福と別の機能のあいだよりも、根本的な対立が存在しているなどということがありうるだろうか。それらは、相互に適応しながらともに成長してきた。そのひとつを妨害することは、すべてを妨害することである。

女子は、男子よりも早い時期に身体的成熟に達する。これは女子の成熟度が男子に劣るということではなく、男子に比べて規模が小さいので、同じ力で進められる過程がすべて加速されるからである。女子の血液循環と呼吸運動は、男子に比べて速い。また、女子は精神的過程の成熟も速い。それは、なぜだろうか。科学によって、この主題全体を量的に研究すればよい。両性の過程を詳細かつ全体的に比べれば、平均的な女性は平均的男性と同等だとわかるだろう。あらゆる方法を用いて、両性を数学的に研究すべきである。

現在、女子特有の弱さと無力さに関して広まっている学説のもとで忘れられているのは、食物と酸素は力の源泉であり、運動はおもに食欲と消化の源泉ということである。女子は因習によって身体と精神が飢餓状態にあり、種の進化を妨げるか、弱くバランスを欠いた体質を受け継いでいる。ある著述家によれば、「女性が進歩していく道に立ちはだかる怪物は、男性ではなく、むしろ怠けた女性たちなのだ。彼女たちは自分の代わりに考えてくれて、働いてくれて、ドレスまで着させてくれる誰かを求めている」という。これは、正しい。しかし、この主張全体のもととなっている重要な根拠自体が間違った仮説であり、その仮説によれば、女性は種の母となるよう定められ、思想家や企業のパイオニアになろうとはしないとされる。この大昔の教条が、人間の一方の集団である女性を虚弱にし、もう一方の男性の地位もトげている。男性と女性の役割分担はかなり等しいものだとわれわれは信じているが、実際はどうだろうか。男性労働者は、家族を養う役割から一日に一〇時間ものきつい仕事に従事しているが、その妻は台所仕事と子どもたちの世話という役割に二四時間しばりつけられ、完全な休息もなければ適切な気晴らしもないのである。もし、女性の唯一の負担が家庭に関するものだとしたら、一方の女性のグループはその責任に押しつぶされ、もう一方の男性のグループは貧しさの象徴としての責任が嫌になり投げ出すだろう。貧しい男性は「女の仕事はけっして終わらない」と言うが、まったくの反対で、「女性の仕事はけっして始まらない」のである。

自然選択が、適切な機能に向けて有機体を変化させ適応させることによって、子に対する両性の責務を両性で絶えず平均化し続けてきたと仮定してみよう。すると、雄と雌は成熟度ではまったくの等価であり、それぞれの性が自分の負担に見合って等しく体を強化していることになるだろう。女性の責務には直接的に栄養を与えることが含まれ、男性の責務には間接的に栄養を与えることが含まれているに違いない。子どもを産み育てることができるのは女性であり、そのエネルギー負担は、男性が家族の担い手として費やすエネルギー量と等しい。これを超えて、もし自然が備えたものを人間としての正義が補うとすれば、家族に対するすべての責務は、その人数もしくは代理となる人の数によって公平に分担されるべきものである。交代で必要な休息をとりながら働くことが、男性や女性を救うことになる。ただし、もともと怠けている人を応援する気は、私にはまったくない。しかし、仕事の科学的な分配では、食物を生産することと同じように、適切に食物を調理することに関しても、本来責任をもつべきなのは女性でなく男性である。われわれは、下等生物のように素材のままの食材では育つことはできないので、調理は間接的に栄養を与えることと結びつけられねばならない。

機能の向上において、人間の母親は下等生物のどの綱よりも、子どもに直接的な食物を与えるために、はるかに多くの貢献をしなければならない。出産前後の長い期間、母親の身体のシステムは、子どもにすべての栄養物を同化供給しなければならない。子どもの成長と活動は、母親自身の成長と活動への補充《ほじゅう》であり、母親自身の右腕の成長が彼女の自己負担であるのと同様に、子どもの成長と活動も彼女の自己負担によるものであることは言うまでもない。しかし、自然はそのために女性に男性より小さい体格を与え、女性が個人的に大きな活動をする気持ちを弱め、男性より少量の食物で完全な健康の維持を可能にした。自然は、十分に公正なものである。したがって、男性と女性は自然が提案していることを理解し、受け入れなくてはならない。女性は母親としての責務を最大限に果たすため、自分には多くのエネルギー負担をかけずに、心地よい環境を整えるべきだ。したがって、父親は公平に義務を分担し、母親の代わりに良質な食物の形を整え、子どもに間接的な食物を与えなければならないことが、科学的に証明できると思われる。これに加え、父親は子どもに既製の服を着せ、寒い冬の朝には暖炉に火をつけるくらいの仕事をしてもよいだろう！

多くの家庭では、生活上の多くの複雑な役割分担をするなかで、家族のための料理と裁縫は母親が責任をもつことが、公平かつ最良だとされていることは明らかだ。しかし、それらはどちらも男性の役割の範疇に入れるほうがふさわしく、家族のなかで幼い子どもへの間接的な養育に関係すると理解すべきである。女性の好みにあわせてビーフステーキやコーヒーが用意されることなどないので、人間の進化の現段階でどのような男性に比べても、育児中の母親は、子どもたちに頼られ、そのなかで泣き言をいったり、すねたり、がみがみ言ったり、気分の命じるままにしてしまうのは当然である。これはほかの同じようなことにもあてはまり、少なくとも女性が出産の時期、もし家族に必要なつらい仕事や世話に何時間も余計にかけるよう強いられるとしたら、それは妻ではなく夫に任せるべきである。たとえ母親がみずから進んで犠牲になろうとしても、母親が疲労困憊することで、子どもへの関心が犠牲になるようなことがあってはならないからである。

一方で、非常に複雑な存在として人間の女性は、自分のすべての機能の働かせ方を教わらなければならない。それは、女性の能力を健康的かつ調和的に発達させ、強めるものだ。長いす養生法は、歳児にならふさわしい柔らかいパンとミルク養生法のように、大人の女性の身体的活力を失わせてしまう。精神的無気力はさらに致命的であり、また身体あるいは精神が無目的でせわしない状態にもなりうるが、このどちらより精神的無気力のほうがはるかに悪い。要するに、どのような人間の企てでも、それが女性にとって魅力的で実行可能で、また家族に対する義務の公平な分担と矛盾せず、人間の特質のなかでも非常に立派なものであれば、女性をそれに参加させてみることだ。みごとに備えられた能力すべての自然なバランスの維持だけを教えれば、あとは女性たちに自分の仕事として選ばせ、自分のやりかたで学ばせるとよい。健康の法則に従って、女性とその子どもたちはよく似たものになるであろう。そこで、もし、［女性の家事分担を象徴する］ミシンとオーヴンという二つのモレク神［犠牲を要求するもの］にすべてを捧げるよう、誰かの「脳」が要求されているとしたら、それは女性の脳ではけっしてない。自然のもっとも高度な法則は進化であり、長期にわたって母親の身体を通らない遺伝的進化は不可能である。

母親は息子に男性の形質を引き継がせるが、それに関連した等価な女性的形質も、母親自身の性質のどこかですぐに見つかるはずだという大いなる証拠がある。きわめてかけ離れた植物の花粉では種子をつけることができないように、もっとも賢い男性であっても意思の弱い平凡な女性を媒介にするのでは、子どもに知性を伝えることはできない。

脳回に張りめぐらされた神経系は、可動性をもった組織から成る拡大していくネットワークの繊維のなかにあり、ここを通してすべての精神的活動は表現されるはずだが、女性特有の身体と母性機能に対応して必然的に変化してきた。男性特有の精神的特質が、娘に受け継がれるはずはないとされている。しかし、知力つまり有機的神経系が、精神の作用を通して息子にも娘にも等しく遺伝するのを、妨げるものがあるだろうか。いや、そのように遺伝を妨げるものは何もない。繰り返される無為の習慣を除いて、遺伝の完全な発展が活力になるのを何も妨げることはできない。最上の才能を着実に開花させることによって大いに利益を得る少女から、食欲、消化、エネルギーを奪うかもしれないのは、彼女たちの無為の習慣にほかならない。

　女性が食欲・消化・エネルギーの欠乏状態におちいれば、その欠乏状態は、娘同様、息子にも相続分として継承されてしまう。このように自然は、平均した性の平等を維持するよう強いられている。男性に対してと同じように女性自身にも気づかれないまま搾取された彼女の本質は、女性をつねに押さえ込んできた不当な抑圧システムに対して、あらゆる機会にその回復を図ってきた。人類がつねに自分たちの進歩を遅らせているのは、真の幅広い健全な両性の均衡というものを理解し、推し進めることができなかったためである。もちろん息子が、女性の形質を変化させずに受け継ぐことはできない。息子は、母方の祖先が助長してきたあらゆる弱さの重要な「等価物」のみの継承者である。こうして与えられたものは、母親からの直接の遺産のように、いつも表にあらわれるわけではない。しかし、科学的な理論家であれば、似たものが似たものを生むこと、つまり男女という分岐した系統が子どものなかでふたたび合体することがわからぬはずはない。こうした子どもでは、一方の性にそれぞれの形質が加わるのではなく、もっとも微弱ともいえるほど弱い力によって、一方の性がもう一方の性とバランスをとるのである。

　幸いなことに、自然はみずからの目的に関しては執拗で、女性が生得的にもっているきわめて大きい生命力は、自発的に発揮されることはないにしても、持続していくに違いない。有機的な過程では、潜在的なエネルギーが活用されていくであろう。そして、着飾るのが好きな人も、あくせく働くだけの人も、高貴な女性になれたかもしれない資質をもっているなら、非常に高貴な子どもの母になれるかもしれない。しかし、そのような女性の子孫が、親の才能発揮から子どもへ振り向けられるべき増加分を騙し取られることはないだろうと信じることは、非常に馬鹿げている。

　女性の知覚力には特別な率直さがあり、女性の器官の機能と不思議なほど一致している。女性がもっているとされる鋭い直観とは、単に直接的な知覚力である。女性の精神は、もっとも単純なものからもっとも複雑で入り組んだものまで、すべての事実を率直に読み取ろうとする傾向にある。女性は、幼児にあらわれた感情の芽生えにすぐ気がつき、世間では申し分ないとされる男性や女性の虚言を見抜くことができる。しかも、女性は一瞥しただけで一枚の葉の細部までわかり、一目で風景の特徴がわかる。ある男性が言うには、「自分が苦労して何か優位な地位にたどり着くと、必ずその前に女性がいる」という。この発言は、単なるお世辞ではないだろう。女性はほとんど無意識に土地の自然な地形を理解し、自分の後から来る人の案内者や哲学者になることを、負うべき義務とは感じないで、自分が登る道に目印をつけることに労を厭《いと》わない。生涯にわたる哲学の徒であるジョン・ステュアート・ミル氏〔一八〇六～一八七三年〕が「抽象的思考において妻はしばしば自分の指導者であり、二人が一緒に探し求めていた真理を発見することにおいては私の先輩だった」と熱心に繰り返すとき、彼の誠実な人柄に人びとは信頼をましたに違いない。彼は際だった論理学者であり、彼女は俊敏な知覚力の持ち主であった。つまり、一方は強い男性であり、もう一方は強い女性であった。

　われわれは原始女性を主題に、スペンサー氏と議論することができるだろう。弱く依存的な存在であった原始女性は、粗野な庇護者の男性にあらわれる衝動を観察し、彼らの喜びや不機嫌さに気づき、それに応じて自分たちの行動を決めていた。こうして女性の鋭敏な知覚力は発達したのである。一方、油断を怠らない未開人は、ライヴァルや族長やその他、自分の部族の優れた者から、等しく学ぶよう強いられていた。外部の世界とより広くかかわる場合、新しい可能性では優位に立ち、未知の危険から身を守るよう、もっと鋭く注意するよう強いられていたのである。こうして、彼らの観察力は驚異的にとぎすまされていった。しかし、この未開人も彼の子孫も、論理と婉曲表現がなかったため、表面の下にあるものを見透す力を発達させることはなかった。

推論によって真理を獲得するという間接的方法は、はじめは意識のなかで発達し、思考の法則に従って検証するもので、男性の精神の特徴と思われているが、それは直観が女性の精神の特徴とされているのと同じである。明らかに男性は、何事であれ、その意味を目で見て多少理解できても、満足のいくまで頑固に調べないとけっして安心できない。男性は、自分の精神的状況における観点から暗記するために、それについて論じることを避けるに違いない。現在の自動機械のような男性研究者たちは、歴史の黎明期から、器用で巧妙な仮説という実にすばらしい衣装をまとってきたといえる。

女性は、男性ほど器用に発明をしなかったのかもしれない。そこまで勤勉に取り組むこともないので、知識のわずかな発見はできても、より優れた部分の発見には成功しなかったかもしれない。しかし、もし女性もそれを強いられれば、直接研究の場へ入っていったに違いない。科学哲学では、つぎのように主張されはじめている。つまり、人が何を学ぶにしても、最良の教科書は事物そのものだということ、また、つねに拡大していく関係を追求するなら、それが存在する状態かつ存在する場所でその関係を見いだせるはずだということである。自然には独自の論理があると考えられ、それは無謬性に対する男性的推論とほぼ同等であり、さらに自然は遠近すべての事実を自然の仮説として必ず取り込み、その他のものを排除するという特別な有利さをもっているため、しばしば結果に重要な差異を引き起こす。そこで、女性のもっとも根源的な本能が主観的というよりむしろ客観的で、明快な直観へと導くものだと示されるなら、女性が新しい力の様式と新しい探究方法をあらゆる研究分野にもたらすことは明らかなはずである。

ここに、ご都合主義の仮説がある。つまり、より高等な目に属する生物のあいだでは、雌の身体や脳が中間的大きさであるように、雌の知能は同じ種の子どもと雄の中間に位置する発達を示しているという。これは、雄が種の正常な型で、雌は特別な目的のための変型だという、昔ながらの仮説に類似した理論である。これはまた、進歩がおもに雄の形質の獲得と遺伝によって影響を受けるとする進化論の概要とも、類似している。

しかし、進化を一本の鎖にたとえると、その鎖の環の一方の端は前進し分岐するが、それに続く環の連結部でふたたび交わり、連結した環の全体を二等分するものはしかるべき分担をしていることを、認めなければならない。雌の精神的発達の度合いによって、種はより高等な生命へと進歩したかもしれないし、進歩しなかったかもしれない。しかし、一連の鎖につながる新しい環はすべて、等価な段階を重ねていくといえるはずである。たとえば、昆虫の母親がもつすばらしい本能と技能は子どものために蓄えた餌にみられ、鳥類の母親の優れた器用さは巣作りに、また高等動物の雌のより大きな親の聡明さと愛情は子どもの保護と世話にあらわれている。すでに述べたように、これらは優れた雄の好戦的で熱情的な本能に比べて、少なくとも精神的レヴェルでは同じように高く、種にとっては同じように価値あるものだ。残るは、人間という種族における両性の精神的な力を比較することだけである。

精神の根源的な器官である神経系は、男性に比べて女性のほうがより特別な発達を遂げていることが実証されると思われる。本質的には、女性と子どものあいだにみられる区別は、男性と子どもの区別より大きい。ただし量的には、女性と子どものあいだにある差異よりも、男性と子どもの差異のほうが、依然として大きい。有機体の雌は、膨大な年月のあいだに生殖にかかわる要素をさらに大きな量へと作り上げるように選択され、この事実に応じて、血管の漸増する供給とともに特別な器官の供給装置を備えてきた。また、それらすべての器官に沿って神経が通っている。このように徐々に変化した神経系は、生殖機能の進化と歩調を合わせた成長と発達をしており、哺乳類の成体の雌には複数のよく発達した神経叢があるが、子どもや成熟した雄はその痕跡をとどめるにすぎない。もし、これらの神経節や増殖していく神経分枝を、一部分は自動的なものと考えるべきであれば、これらはもう意識をもっているのと同義である。つまり、感覚をもった性質全体に重大な影響を及ぼし、精神活動の高揚と沈静を可能にすることである。脳は、思考や感情の唯一にして完全な器官ではなく、そうであるはずもない。

雄は、雌より多くの炭酸ガスを吐き出すという。この事実を消費する酸素の尺度とみなし、したがって進化力の総量として考えるハーバート・スペンサー氏の理論は、機能の分化というものをまったく考慮していない。雌の身体のしくみは、余分な栄養要素やおそらく胎児の発育過程から生じる不用物と一緒に、身体から老廃物を取り除くほかの方法をもっている。そのうえ、女性は生涯のどの年齢でも、皮膚や組織が不用な物質を排出することで、さらに活性化するようになるはずだ。

因習は、健全で多様な活動を妨げることで女性の力を減じてきた。しかし、自然は絶えずその損失を補う工夫をしている。精神や身体を十分に働かせないことで食欲減退や消化不良が起こり、力の発達が弱まると、エネルギーの支出も減る。一連の機能において、精神的および身体的に過剰な流出があればいつでも、女性の身体の経済性《エコノミー》は男性よりも容易にバランスを回復させる。男性にはない有機的な備蓄が、女性にはあるからだ。これは、男性のほうが強さと活動性において優れていることの埋め合わせであり、両性のどちらか弱く活動の少ないほうに相対的により大きな忍耐力をもたせ、正常な状態から多少逸脱しても、比較的無害であればそれに耐えるだけの能力を与えていると思われる。その結果、睡眠不足、食糧不足、極度の疲労、心身を覆いつくす倦怠感があっても、女性の身体は男性の身体と比べて消耗しにくい。とくに、未開の野蛮な時代には、いっそうの蓄えが必要とされただろう。その時代には、腕力こそが正義だったからである。将来、もっと知的な時代に生きる女性の頭脳労働者にとって、このような余力を保存できる身体は、優れた安全装置となるだろう。

成熟した男性と女性の機能全体における基本的な区別を見過ごすことは、無益というより悪である。完全な有機体になるようにうまく調節されているバランスをまったく考慮せず、どちらか一方の性だけを束縛したり、制限をすることはまったく無意味である。人間という有機体が自分の義務や運命という問題を解決し、制約のない自分の能力を測るためには、このバランスにみずからを適合させるべきだ。

自然は、女性の栄養要素の喪失を意図していなかったにもかかわらず、「月経という」周期的な余力流出のしくみを認めるという不器用な失策に陥り、自然の計画は失敗したと教えられてきた。そのうえ、自然は子どもをただ遊ばせておくつもりはない！　ともいわれている。自然はすべての子どもをとどまることなく跳ね回らせ、目的のない活動にはかり知れない力を浪費しているが、このような向こう見ずな浪費を許容することは、事物に関する自然の節約を旨とする計画の一部ではありえないと考えられている。

しかし有機体は、個体の機能を健全に維持するうえで必要な量を上回る栄養エネルギーを同化することに注意深く適応し、生殖の目的のためにそうしたエネルギーを苦労して作り出すことによって、実際に恩恵を受けているはずである。それは、子どもたちが遊びを通して、筋肉を発達させるという恩恵を受けているのと同じである。自然は厳しい倹約家だが、「ペニーを惜しんで一〇〇ポンド失う」ような倹約家ではない。生物の階梯における地位が上がるほど、栄養機能はますます下位に置かれ、また適応がより高度になるほど、力の様式はますます活動的になるという、このすばらしい事実を十分把握すべきである。自然は、女性の身体に自己バランスのとれた均衡を作り出し、それによって母性機能から生じる障害を最小限におさえている。強健な状態なら、あらゆる身体的および精神的な能力は節度をもって働き、母親と子どものどちらにも害を及ぼさないどころか、むしろ積極的に有利に働く。これ以上に優れたシステムを考案できるだろうか。ただし、私は六人の子どもの母親として、つぎに述べることに疑いをもつことくらいは許されるだろう。つまり、現在のような自然のみごとな計画に完全に満足していると告白することや、いま動いているシステムが完成する可能性について経験的証拠を出すこと、そして、自然は自分の息子や娘に対し絶対的に公平な母であるという確信を何度も繰り返して口にすることに対しては、疑問をもっている。

このように関連するすべての変化をみると、女性と子どものあいだの差のほうが、男性と子どものあいだの差よりも大きい。完全な精神的特質は、力を再分配するためのさまざまな準備によって、多大な影響を受けるに違いないことは明らかである。神経系とは、脳のシステムである。生殖機能に関連した特別でより高度な発達は、脳のなかではそれとバランスをとってより小さな発達を引き起こすと思われる。脳の発達は、それ自体が変化させられたものだ。したがって、男性と女性の精神的特質は、根本的なところで分化した神経系を通して働き、分化することになる。

おそらく女性は男性より体が小さくなるよう適応し、神経組織が男性よりも相対的に大きく発達したのだろう。この事実は緻密な研究を要するが、科学はこれにまだ結論を出していない。女性の実質的な同等性、もしくは神経組織や神経の力全体の相対的な同等性について、科学は結論を出そうとしてきたか、またそれに関して問題提起をしたことがあるのか、寡聞《かぶん》にして知らない。平均的な男女の脳の相対的な大きさや力を比較することが、求められている。しかし、脳のシステムが頭蓋のなかに閉じ込められているのは、血管が心臓に閉じ込められているのと同じである。精神的行動における活動の様式を、脳の大きさや脳の活動だけで公正に測定し評価することはできず、それは血液循環の量と割合が心臓だけではわからないのと同じである。ハーヴェイ氏は、身体をめぐる全体的に複雑な血管系を追跡することによって、血液循環という驚くべき事実を発見した。神経中枢から神経の力が前後に伝わっていく際、どのように神経が作用するか発見した神経学者たちは、脳を観察するだけではなく、協働的な神経系全体を幅広く研究したのである。しかし、もっぱら脳と筋肉との相対的大きさを根拠として、男性と女性の精神的な力を評価する科学者に、私は与《くみ》することができない。この推理の様式は、男性を下等動物と比較することで十分だろう。なぜなら神経系全体は、頭蓋容積の増加や複雑さと同じ速度で発達してきたからである。しかし、男性の神経系は、種の鎖が上へと伸びていく過程で、女性の神経系から徐々に分化していった。人間という種族では、両性の差異は非常に重要なものであるため、その全体を無視し、脳の大きさと体の大きさという二つの要因だけを取り上げて比較することは、女性にとって非常に不公平であるに違いない。というのも、女性の神経系は男性より複雑だが、頭蓋内が男性と等しい大きさには達していないからである。

下等な動物と哺乳動物の胎児には心臓はないが、血液は循環している。脳が取り除かれた動物でも、活動においてはまだ神経系の名残りがあるようだ。脳は感覚にとって不可欠だが、特別な感覚器官も不可欠である。脳は、情動の中心的位置を占めている。しかし、関連する神経系のうち心臓に織り込まれているものは、雌の有機体では特別に変化して発達してきており、五感が感覚に対するように、神経系は情動に影響を及ぼすと考えられている。思考するのは脳であるが、どのような思考をするかは神経系の種類と性質によって決まり、この神経系と脳が協働しているため、感覚は特別な五感によって決定される。

これは、有機体が存在しなければ精神も存在しないと言っているのではない。感覚をもった個別の不滅な原子という存在を私は心から信じており、原子と協働している有機体とは区別している。しかし、それは生きているシステム全体のなかでの精神の本能である。つまり、神経のネットワークは、精神的発達と精神的表現を直接的に仲介する手段である。

女性の感情の過程と思考の過程が、男性に比べてより緊密に関連していることは、一般に知られている。この二つの過程のあいだには、より直接的で頻繁な交換が定着しているように思える。男性の場合より女性のほうが、思考と感情が不可分に作用している。これは、日々の経験や男性と女性の働き方の比較によってわかる事実である。変化した神経系に関する比較解剖学が、構造上対応する事実を示唆しているに違いない。

女性の思考は、感情に駆り立てられる。したがって、女性には見越す力の鋭さ、直接的な洞察力、瞬時に反応する知覚力があり、こうしたことから女性はより温情のある思い入れをいだき、バランスを考えることなく判断を下し、男性がするような「段階を踏む」論証方法をほとんどとらない。この点で、子どもは女性と似ている。感情は、子どもを直接的に行動へと駆り立てる。直接の感覚や知覚は、未開人やすべての動物の本能を駆り立てる力だとも思える。それを、自動的行動と呼ぶことは可能だが、これに付随する力はまさに感情であり、知覚であり、知性である。そして私が信じているように、通常は決断をともなうもので、それは自己責任で選択すべき状況を支配する方向へ多少なりとも発達していく。

意志というのは、もし自由意志を可能な機能とするならば、ほかの精神的発達と同じように、進化にともなうものであるに違いない。女性がこの意志力を欠くとみずから示したことはまったくない。また、女性の精神的過程と子どもの精神的過程のあいだや、特別な本能をもって力強く発達してきた動物の精神的過程とのあいだには、著しい差異をもった特徴がある。女性は、男性も含めたほかの生物と同じくらい、あるいはそれ以上に、個人的感情や関心を交えずに、客観的な判断の導くものに従うことができる。

しかし、思考と感情は、男性に比べて、子どもと女性のほうがより密接に関係している。たしかに、男性はその成熟発達段階で子どもから分化している。けれども、思考や感情の様式となると、女性のほうが子どもに比べてはるかに分化していると思える。子どもは精神的発達において、非常に自己中心的である。急に手を出してつかむのは、幼児にもっとも普遍的にみられる。「それが欲しい」「それが好き」という気持ちは、行動へと駆り立てる主たる動因となるものだ。子どもは教育的見地から躾けられるまで、義務感ももたず、他者の関心や権利にもまったく無関心である。

一方で女性は、思考と感情において本質的に自己中心的ではない。女性の共感性は、機能上、客観的な道筋へと発達してきた。女性はその本能によって子どものために考え行動することを優先し、自分を省みない。こうして遺伝した習性は、どのような人であれ物事であれ、女性に世話や配慮を求める傾向を発達させ、さらに拡大させてきた。このように女性の性質は、長い年月のあいだに思考においては客観的になり、感情においては私情を交えず、つまり、おおよその原則として抽象的な方向へと向かってきたのである。もちろん、人間の発達は複合的で、互いを融和させるような多くの入り交じった複雑性に従属している。子ども時代は自己中心的で自分勝手なことに夢中になるものだが、精神的発達においてそれをけっして超えないのは、成熟期にある女性である。女性の自発的意志は、女性の知覚力と同様に未発達ではあるが、これに関してはあたたかく見守りたい。また、なかには遺伝で受け継いだ女性的特質を発達させ、より間接的な道筋をたどって種族のなかでもっとも無欲な存在になった男性もいる。しかし、いまのような種族の二つの集団として比較すれば、女性のほうが男性より自己否定的なのは明らかだ。また、女性は、主観的知性あるいは推論による知性を働かせるよりも、客観的知性あるいは知覚力の鋭い知性を発達させるほうが普通である。子どももともっとも成熟に達した女性とのあいだには、子どもとそうした男性とのあいだと同じように、多くの著しい対照的な相違点がたしかに存在している。

十分に成熟した女性は、もっとも高度で複雑な事実や、もっとも抽象的な原則を理解できないわけではない。女性は、すべての事実や原則をそれと関連した意味とともに容易に認識でき、つまり、関連した対象を見ればすぐにそこに存在する関係に気づくことができる。女性の視野は、前後どちらの方向にも、男性と同じように広がっている。女性がすべての知的能力や道徳的能力において男性に匹敵しないとしても、女性自身の強さを試せる自由な機会が男性と同等に認められてはじめて、それは証明されるはずであり、その機会がもたらされれば真実は明らかになるはずだ。細かい点を比較して、女性が将来、実務的な能力や抽象的な思考、また自然科学や倫理学で成功を収めるだろうと予言し、まだ試されていない女性の能力を賛美することは可能だろう。しかし、私はそのようにしたいとは思わない。いまや、すべての扉はわずかではあるが女性にも開かれている。そこで、女性が着手したことは何でも、みずからの力でおこない、力量を証明してみるとよい。

道徳上たしかに言えるのは、女性は家族との関係をおろそかにすることはなく、またおろそかにしたいとも望まないだろうということである。つまり、平均的な女性は、自分の立場にかかる負担や障害の公平な分担から逃れたいと思うことはなく、家庭生活で生じるすべての義務を誠実に分担することも嫌がらないと考えられる。女性の能力を十分発揮するのにふさわしい場を家庭内に見いだせないほど、進化は女性の発達を複雑にし、それはいまも続いている。家庭の外の生活は、女性が参画するには十分広いが、女性の参画を妨げるほど高くはなく、女性はある程度の責任は負いながらも、外へ出ていくよう促されている。

そうだからといって、女性が日々の生活の慰めとなることや子どもに精神的影響を与えて育むこと、そして家庭内での道徳的で神聖な義務を妨げることにはならず、また女性がみな、家庭でオリーヴを植え、蕾をつけて花を咲かせ、その実から得られる最上の利益を失うことにはならない。今日よく目にする絶えず神経質になっている女性たちに必要なのは、もっと調和のとれた発達をともなう、満ち足りて安定した気質をもつことである。そうすれば、女性が活動をしないことで、あり余る感情によって助長される鬱積した不満のうちのいくらかでも、広い思考や目的や達成といったエネルギーに変えるチャンスを見いだせるだろう。

進化論が性に適用され、ほかの理論に比べてわかりやすいひとつの教訓を示しているとすれば、それは一夫一婦があらゆる進化の土台になっているということだ。自然はどこでも公平さによってバランスを保ち、そこで必要となるのは、夫婦が協力しあい、きわめて入念に選択された形質を発達させていくことだけである。自然がどの女性にも特別な才能を授けているとすれば、こうした形質のバランスがとれた発達によって、女性にはその卓越した才能を最大限に発揮させることが求められる。広くみられるいかなる風潮も、それ自体、完全な有機体が優れた活動を促すよう調整されていることの証拠になっている。もし、種が獲得すべき正当かつ立派で、望ましい特質があるとしたら、その高度な発達を妨害することは、人間の進歩における正常な速度を遅らせることであり、進化の基本的な法則に対して不当に介入することである。進化に適すると自然がみなしてきたいかなる卓越性も、不適合な理論や因習の形式には抑圧する権利はない。人類の今日の発展がわれわれ両性に理解と認識を可能にさせているのと同じように、多くの異質性を求めるうえで、同じ目的の追求をめざす男性と女性は協力しなければならない。

いわゆる成長と生殖の対立

成長と生殖のあいだには正反対の関係が成立しているはずだと最初に唱えたのは、カーペンター博士［訳註［8］を参照］だと私は思っている。けれども、それとは別にスペンサー氏も［この点を］独自に取り上げており、彼がつくりあげた説得力ある主張は多くの生理学者を十分納得させるものであった。だからこそ彼らは、それ以上の疑問をはさむことなく、みごとにつくりあげられた彼の主義主張を受け入れたのだろう。しかし、それを支えている事実はあまりに多様かつ複雑で、解明されていないものであるため、前提に取り入れられる何か新しい要素が、必要な論理的帰結を部分的に変更すること、あるいは覆すかもしれないことが十分考えうる。

以下に示すのは、スペンサー氏の『生物学原理』から抜粋した要点で、彼自身が要約した言葉のまま引用した。「発生とは、あらゆる種において不利となるか有利となるかの分裂過程であり、したがって個体の進化におけるひとつの要素になっている統合過程とは本質的に対立している(3)」。

「同化力の余剰が減少し、まるで消滅が迫っている兆候すらあるとき、種の保存に必要なのは、この余剰分を新しい個体の産出にまわすことである。なぜなら、同化と消費の完全なバランスがとれ、この余剰分がなくなるまで成長が続けば、新しい個体の産出は不可能となるか、その産出が親にとって致命的となるからだ」(4)。

「集合［統合］化と分離［分裂］化の割合が、個体が大きくなることと種の個体数が増えることとの関係を、それぞれの場合で決定しているはずだと、われわれは認めざるをえない」(5)。

この点までは、誰もが、いわゆる対立関係を率直に認めるであろう。けれども、スペンサー氏は「両性の心理学」[18]という論文のなかで、「男性よりも女性のほうが多少早い時期に個体の発達が止まるのは、生殖にかかる負担に見合う生命力を温存しておく必要があるからだ」と言いきっている。ところが、そこにはまだ考慮されていないけれども、よく考えるべき多くの条件があるので、その見解は十分に支持されているとみなすことができない。身体的な成長が「早い時期に止まる」こと、「神経‐筋肉系の成長がやや少ない」こと、胎児期および幼児期の養育に必要な栄養負担の時期がはるかに長いこと、女性の精神的な表現は「総合力や力強さがやや弱い」ことなどがあげられる。そして、「これ以外に、知的能力と感情能力という、人間の進化のなかでもっとも後になって獲得された二つの能力のうち、抽象的な推理力、なかでももっとも抽象的な感情である正義感が、女性にはかなり不足している」ことがあげられるかもしれない。だからといって、それらの結果のいくつか、もしくはすべてが、「生殖にかかる負担」のために差し引かれたものだとはいえない。変更され再調整された力［エネルギー］は、減じられ消滅させられたわけではない。

女性は神経‐筋肉系が小さく、精神的活動において強さや大きさが減じられているのは、母親としての栄養負担の多さに直接起因していると考えられる。しかし、身体的な成長の早期停止と精神的な発達の早期停止は、結びつくかもしれないし、そうでないかもしれない。このうちの一方もしくは両方が、きわめて顕著な例を示している。その例とは、子孫に伝えるため早期に切り上げられる過程ではなく、さかのぼるところの祖先によって早められ、いっそう早く完了する過程である。そこでは、子孫のために個体の力を減らしたり移行させたりする必要はなく、むしろ環境から物質や力を引き出し、それを生殖機能やその産出物へと移すように変化したシステム［身体のしくみ］が必要となる。

子どもが大勢いる親は、男性でも女性でも、そのために個体としての力をいくらか失っていることが明らかにされるなら、われわれはつぎのことを認めざるをえない。つまり、生殖システムに関係する女性のより大きな負担は、個体としての犠牲には違いないが、同化や排出といった栄養の損失ではない［第一章二七頁参照］。

女性にとって機能的負担があまりに早い時期にかかり、もしくはその負担が過度なために生じる弱さは、まったく違う角度から考察する必要がある。健康でバランスのとれた活動は、栄養にかかわる要素の損失をともなうとしても、それでも普通は健康的な強さを助けるものだと私は考えている。あらゆる身体的および精神的な活動は統合か分裂かのどちらかであり、機能を働かせることはすべて後者に属している。成長と思考、成長と筋肉活動、成長と呼吸のそれぞれのあいだに対立がないのと同様に、成長と生殖のあいだにも対立はない。そこにある対立は、単に作用と反作用の対立にすぎず、これは同じプロセスにおける二つの面にすぎない。このような相反する面はどこにも存在し、また存在するに違いない。そうでなければ作用が止んで、死があまねく支配することになる。

成長と摂食は対立するものだが、人間は生きるために食べなければならない。それと同じくらい確かなこととして、子どもは親から栄養を負担してもらい、親が苦労して蓄えてきた力までも使って成長する。この場合、もっとも「栄養的な」支出が少ない人が、もっとも長く生き延びるというのはまったく事実ではない。ほかの条件が同じならば、この法則はただちに覆されてしまうように思える。なぜなら、ある活動が別の活動を引き起こすからである。つまり、個体の最大の力は、内部と外部のあいだで「同時かつ継続して」より積極的な調整力を保ち、これがもっとも活力に富む生き方であることを示している。だからこそ、植物や動物で両性が似ていないことを説明するためには、成長と生殖のあいだにある直接的な対立以上の何かについて、調べなくてはならない。

スペンサー氏は、つぎのように論じている。綱として鳥類のほうが哺乳類よりも体が小さいのは、鳥類はつねに飛ぶときに筋肉を動かすエネルギーをより多く消費するからである。また、ライオンは人間に比べてとくに消化器系が優れているわけではないが、体が大きく多産なのは、活力を維持するための神経系が小さな活動ですむからであるという。かりに、普通、女性が男性と等しい特有な力をもっているとすれば、その小さい「身体」には必要のない余剰な栄養分が、本質的に生殖にまわされるのであろう。自然選択はこの明確な目的をもって、関係する供給システムを完璧に、そしてみごとなまでに作り上げてきた。こうした事実からも、女性の力の総計は身体的にも精神的にも、男性のすべての力と十分かつ公正に等価だという結論が導かれるはずである。

母親の身体構造は、みずからは直接の利益を享受することのない栄養を苦労して作り出す。しかし、人間の父親の置かれた非情な状況というものを忘れていないだろうか。父親は自分のためではなく、自分を頼っている者に食物を与えるために、等価な筋力や精神的な力を使うよう強いられている。男性が妨げさえしなければ、一夫一婦がすべての高等生物とともに、自然の一般法則になっていると思われる。食物を手に入れるために多くの労力が必要な場合、両親は子どもを養うにあたって同じだけの責務を負う。こうした主張とあわせて、私は一夫一婦が基本的な生殖の状態だと考えている。また、外敵からの防衛という闘いの役割はおもに雄が担うものだが、これが相当なエネルギー負担になっていることが多いに違いない。

植物や動物のうち下等な型の生物では、自然そのものが体系的に雌に有利に働いていることを最新の多くの報告が示しており、その雌とは定められた種にとっての母なるものだ。自然界でもっとも頑丈な蕾〔19〕ともっとも栄養のいきわたっているチョウ〔20〕は、この性［雌］に属している。雌のクモは小さな雄を二〇匹も食べ尽くすのに十分な体の大きさを持ち、魚の雌では「夫は小さくて、私の親指くらいしかありません」という童謡を真似るものがいるかもしれない。「自然選択」は、知的設計《インテリジェント・デザイン》による働きにしろ、そうでないにしろ、このような必然的な結果をもたらす。われわれは、中性のハチが女王バチになるよう育てられると思っているだろう。しかし、アプリオリな判断が求められているとしたら、まえもって性が決定されていない場合、もっとも栄養を与えられた幼虫がもっとも容易に雌になる、と考えるべきである。雌という生物に特有な唯一の事実は、雌は生産をして、将来において子孫が必要とするときのために、力をある程度の限界内で蓄積する生得的な性質をもっているということである。

女性のほうが、男性よりも個体としての成長の停止期間が長いとしたら、その差は胎児期から始まっている。つまり、出生時に比較できる重さや大きさは、成熟期でも同じ差がみられる。もし、女性のほうが早い時期に成長を終えるとしたら、それは女性のほうが相対的に早く成長するからに違いない。女性の血液循環と呼吸は、どちらも男性より速い。また、女性の精神的な成長過程も速い。この問題について十分な正確さで広範な事例にあたって調査するとき、つぎのことが明らかになるだろうと私は信じている。つまり、男性が「大きさ」で手に入れてきたものを、すでに女性は行動の「速さ」をもって手にしてきており、そして男性と女性の身体と精神のすべての力を数学的に測定すれば、それらは完全に等価で、今後もそのようにあり続けるだろう。これらの仮説はすでに十分知られており、私もこの結論に従う。

さらに、もう一点指摘しておきたい。男性では、身体的成長と精神的成長が同時には止まらない。体が成長を停止した後も脳のシステムはまだ増大を続け、そこには高い可動性を備えた構造が密になっている。固定的で単に機械的なものにすぎない力が頂点に達した後、かなり後に精神的な力が増強される。これと同じ法則が、少なくとも同じ程度は女性にもあてはまる。もし、女性の精神的な力が、男性より早期の成長停止をすることについて何らかの証拠があるとしても、私が学びえた限りにおいては、科学者は誰も事実とつきあわせておらず、はっきりとは公表していない。それどころか、女性の身体的な成熟が早い時期に起こるのは、これまで精神的な発達の早さに対応せざるをえないからだとされてきたが、生理学的な関係性に照らして、われわれはまったく正反対の仮説をたてることができる。

女性の精神的な力が、男性に比べてかなり遅い時期に頂点に達するのは、生殖に男性より大きな負担がかかるためである。それはおもに身体的な経済効率が関係しているにもかかわらず、直接ではないが精神的な経済効率もかかわっているため、結果として知的活動が制限され、進化は遅れる。この生殖にかかる負担がすべてなくなり、子どもの養育期が終わっても、女性が力［エネルギー］を蓄積しようとする特別な体質の傾向はすぐにはなくならないだろう。これまで子孫の利益ために活発に働いていた諸機能が、これからは個体の利益のために力を蓄積するようになる。さらにいえば、生まれつき過度な負担がかからない女性の知的能力はこうした有利さがあるため、男性の知的能力を上回ることになる。この有利さをそれまでの不利な点と比較してみると、少なくとも同じくらいである。

過去の社会状況で受けてきた多くの圧力を考えると、女性たちは抽象的な思考や感情における高度な力をいままで獲得できずにきたからといって、この方面で生まれつき能力を欠いていると推測する理由はどこにも見あたらない。女性は早期に成長を成し遂げるが、身体的な活力についても女性のほうが男性よりも早く頂点に達するかどうかに関しては、われわれは証拠を持ちあわせていない。多くの事実は、そうではないことを示している。男女は同じ年齢まで生き、同じ年齢まで活力を保つ。男性はより大きな力をゆっくりと、そして女性はより少ない力を速く使う。このようにして、身体的な発達において両者の速度は違うが、たどる行程は同じである。すべての女性特有な機能がもつ高い可動性は、ただちに静止状態にはならない。この原則を神経系にあてはめれば、精神的活動のもっとも活発な時期は長くなり、両性における働きの価値を公平に判断してみるとバランスが保たれている。

今日、女性が平均して男性よりも、抽象的思考、感情、あるいは行動において熟達度が低いというのは事実だろうか。ニューイングランドでは、断じてそのようなことはない！　また、女性が等しく教育を受けているほかの地域でも、事実ではない。たしかに女性のなかからは、「偉大な学者」が現われていない！　しかしながら、女性にはそうなるよう後押しする環境がなかったのである。それでも近年、女性の学者は着実に増えており、それは他の分野でも同様である。完全装備の知の女神ミネルヴァが、父親であるジュピターからだけの単性遺伝によって生まれるなどとは、現実には考えられない。しかし、精神的な遺伝の法則はほとんどわかっていないため、一九世紀の娘たちが息子たちよりも才能を受け継ぐことが少ないと決めつけることはできない。すべての個性を含めて、女性は成長と生殖のあいだの対立によって、まったく損なわれることがないと確信するとき、ほかの事柄はすべておのずと調整され、最終的な結果には何の憂慮も必要なくなるだろう。

性別と働き

I

E・H・クラーク博士[21]の時宜を得た書物『教育における性別[22]』は、真剣な観察と人間味あふれる考察の成果であると思われるが、この本は絶望的なほど一面的なので、女性はその主題を新たに別の視点から取り上げざるをえない。彼の提案は大部分が実践的であり、学校や大学の管理について明確な方針を掲げるとともに、今日もっとも実践的な問題のひとつである共学という現行の教育制度を継続し拡大させることに、権威をもって圧力をかけることになっている。こうした彼の提案は、すべてが「生理学的観点からのみ」導かれたものである。

しかしながら、これは単に生理学の問題だけではない。身体と精神の本質について、われわれがどのような見解をもっていようと、学校教育は身体的なものというより精神的なものであり、つまり、身体の健康維持に精神的作用が強く影響してその機能調節に深くかかわり、同様に身体的機能が精神的活動の特質や強さにも影響を及ぼしていることは確かである。したがって、この問題に生理学だけから判断を下すのは適当ではない。[クラーク博士が提案している]教育規制は、女性の身体の働きを直接的に強くし高めるものと考えられるが、それに反発する精神的および道徳的な影響によって、女性の身体の働きはふたたび非常に低下してしまうだろう。われわれの学校教育の計画に、無為に過ごすことが繰り返し盛り込まれているのは非常に有害である。これは、若い娘がもっとも多感な年ごろである重大な時期に、病人のような考え方や弱さを起こさせ、有害な空想や高まる性的感情を助長するものである。このような害悪は、丈夫な身体がもつ良いバランスまでも崩してしまうため、身体を丈夫に保つことは不可能だろう。女子にとっても男子にとっても、現行の教育制度で絶え間なく続いている過重な勉学のほうが、無為に比べればまだしもよい。けれども、「女子の教育において」名状しがたい恐怖が長く続くことは、有害である。彼女たちにふりかかるかもしれない災いは、無垢な子どもたちを殺すこと［旧約聖書のパロ、新約聖書のヘロデ王による男児殺戮］にも劣らぬものである！

男性に比べてより複雑で高度に組織され、危険にさらされやすい女性の身体に対して、真剣な注意を呼び覚ましたクラーク博士のすぐれた仕事を高く評価している。女性の身体は諸機能の周期的な複雑さが加わっているため、それが乱されぬよういくら注意をしてもしすぎることはない。女性の健康を守るため、正しい生理学的常識による可能な限りの対策を、たしかに社会の組織全体でとるべきである。女子生徒は有害な教育制度から守られるべき、国家にとって愛娘《まなむすめ》のように大切な存在なのだ。女子は、ある面では男子にまさって素晴らしくつくられているということを、彼女たちに早くから教える必要がある。男子と同じように活発で健康的な状態を維持するにあたって、女子にはよりいっそうの慎重さが求められるのである。

もしこの議論が、女性に対しては神から授けられた自分たちの資質を光栄に感じ、敬うよう教えるならば、そして、さらに男性に対しては女性に接する際、つねに丁重に振る舞い、作法にかなった態度をとることが、変わることのない基本姿勢であることが教えられ（わが国の男性たちは、そうした礼儀正しい心遣いでとりわけ優れているが）、そして、いたずら盛りの男の子に対しては姉や妹に敬意を払い優しくする配慮が教えられるなら、つぎのように言えるだろう。すなわち、女性の感受性はいとも簡単に傷つけられると考えていたクラーク博士の認識の甘さを、女性はたしかに許すことができるだろう。そして、「女性の発達にとって新しい福音」となる風潮に対しての彼の不当な主張を、女性たちはようやく寛大さをもって受け入れ、性的特徴を失ったとんでもない女性というひどい描き方を彼がしたことも、責めないでおくことができるようになるはずだ。

しかし、クラーク博士は学業や仕事の男性的な方法を「持続性」(persistency) と特徴づけ、女性的な方法を「周期性」(periodicity) と特徴づけているものの、このような区別について確固たる科学的論拠があるわけではない。持続的に勉強するなど、厳密には人間にとって不可能である。どのような生徒でも、一日に少なくとも一～二回の食事をとらなくてはならず（三回でも多すぎるとは通常思えない）、消化を良くするためには時間と休憩が必要なのだ。そのうえ、二四時間ごとに生じる睡眠の周期がある。それは、自然がもっている美しい多くの周期的な調整のひとつであり、生物と無生物を問わずあらゆるところに見られ、驚くべき無限の多様性に満ちている。自然界におけるすべての作用は周期的で、人間の機能は生まれつき自然の方法に適合したものになっている。それならば、なぜ女子生徒がそのすべての人間のなかから選び出され、無為を強いる酷い指導のもとで、囚われたように一日を過ごさなくてはいけないのか。より大きい筋肉と脳を男子に与え、彼らを特別な人間として発達させることができる健全な教育制度は、同年齢の女子のより小さい筋肉や脳、そしてより複雑な身体を、男子と同じように器用で丈夫なものに発達させるに違いない。

成長期にある一六歳の男子に課すべき勉強時間は、一日何時間くらいであろうか。この問題を科学に委ね、一六歳の女子にも同じ授業を割り当てて、同じ学問水準に達するよう求めてみる。すると、女子に必要なのは、男子より少ない勉強時間であることがわかる。というのも、女子は男子よりも早い時期に身体的な成長と発達が起こり、平均すれば男子に比べて精神的経過がいっそう速く進むからである。女性はきわめて少ない時間でそれができ、ほかのやりかたをしないのは、女性特有の勉強の手法や常識によるものだと確かに言うことができる。いまや男女ともに高い水準にある学校で通常おこなわれているように、一六歳の女子が一八歳や二〇歳の男子と同じクラスにされ、勉強においても同じ段階で進んでいくことが期待される場合、そこには大衆の間違った厳しい意見にもとづく不公平さや積極的抑圧というものが存在している。これこそ、改善すべきものである。しかし、もし、女子の学校生活において精神的にも身体的にも膨大な時間を浪費する習慣をわれわれが奨励し、助長してしまうとしたら、またクラーク博士の女子に対する教育制度を家庭に持ち込むことが望まれるなら、われわれはすぐに心気症の国民になってしまうだろう。

聞き分けがよく行儀のよいドイツ人の少女は、「身体的にはとても丈夫」であるにもかかわらず、何日も自分の部屋にこもり、おとなしい静かな雰囲気のなかで過ごすことに満足してしまっている。彼女たちには、子どもらしいいたずらや陽気な騒ぎで起こる感情の高まりや、もっと真面目で役に立つ知力を求めようとする活発さもみられない。洗練された秩序正しい共同体で昔から続いている慣習が良い結果を生んでいることに対して、間違いを立証するのは難しい。そうした共同体は、わがアメリカ社会のような粗野なものと比べると、健全な例として際だっている。しかしながら、彼女たちのような模範的な少女は、人の意見に耳を貸さないあの有名なハンスの従姉妹に違いない。彼は水車小屋に製粉用の穀物を運ぶとき、ウマの背の片側にそれをのせ、反対側は石でバランスをとって、「父ちゃんもそうしていたし、爺ちゃんもそうしていた」からと言うような愚直な息子なのである。

わが国の少女たちは、旧世界のヨーロッパから来た多くの女性たちが新世界のアメリカでは一年に三六五日働き、それでも溌剌《はつらつ》とした健康を保っているのをたくさん目にしている。だからこそ、彼女たちは、ヨーロッパの両極端な教育制度のなかで、自分たちは満足のいく中間値をとるよう心に決めたのである。これはわが国の民主的制度によく合っており、わが国の学校制度は少女たちに利益をもたらし、彼女たちが望めば働くために学ぶことも認めている。では、なぜ現実はそうではないのか。

アメリカ人は神経を発達させすぎて、その結果不健康になっているが、それは公立学校の合同教育制度よりはるかに深く広いところに根源がある。その根源は、男性でも女性でも、われわれが職業としている仕事の方法にある。医師たちはそれに反対の立場をとり、増大する害悪をさらに増幅させるあらゆる影響に対して、真剣に警告し抗議している。しかし、小さい哀れな一三歳から二〇歳までの女子がもっとも高い道徳性を備え、ほかのすべてのグループを上回っているように選び出すのはなぜだろうか。アメリカ生まれの少女と外国生まれの少女を合わせると何万人にもなるが、なかには学校を出たあと十代で田舎の家庭や都市の工場で働き、日曜以外は休みがなく、その休みもいつもあるわけではない少女たちもいる。彼女たちは恵まれたほかの階級の少女たちに比べて、身体的に丈夫なのだろうか。身体的にきつい仕事というのは、毎日適度に勉強をするよりも女性の体質にとってそれほど過酷ではないのだろうか。そうではなく、むしろ、はるかにつらいものである。

最近、ウィーンで開催された万国博覧会で、ヨーロッパの国々は労働者階級の知的活動を高める秘策についてわが国に教えを乞うてきた。しかし、われわれは教えることができなかった。それが何であるか、われわれ自身にもわからないからである。最下層に甘んじている人びとに上を目指すよう活気づける世界的に有名な方法とは、誰の目にも明らかなように、自発的な自己成長である。これを生み出す過程に特別の責任を負う人など、誰もいない。その自己成長を促すものはすべて、女性や少女、国内で育った人や移住してきた人、その他すべての集団に対して等しい影響を及ぼしている。先の万国博覧会への参加にわが国がのりだした無謀さと自信こそが、まさに「人びとがおこなっている方法」のよい例であり、これは失敗を悔しがることと、それと同様またはそれ以上に成功を喜ぶことである。良くも悪くもわれわれ国民の労働形態は、わが国特有の社会状況から自然に生まれたものである。それが女性に影響を及ぼし、彼女たちの勉強や労働や休養のしかたに対して、おそらく男性以上に大きく影響している。また、わが国の少女たちは習慣から自由で解放されているため、ほかの集団（アメリカ人の若い男性も例外ではないが）よりも影響を受ける。

教育制度がうまくいくようどんなに改良されたとしても、どこかでは古い体制とつながっており、それはクラーク博士の主張ともたしかに違っている。大多数の若い少女が、勉学を一時的にしなくてよいとされることを嬉しく思うだろう。そして、ソファで明るく楽しんで噂話をしたり小説を読んだり、とりとめのない白昼夢に耽《ふけ》り感傷的な散文や詩を書いたりして、気ままな享楽にひたっている。こうしたことはすべて、健全な勉学をまったく不可能にしてしまう。これは媚態や怠惰、利己主義や空想、目的のなさや幼稚さ、ヒステリーや仮病、または本当の病気からくる態度、これらすべての初期にみられる性向を直接的に助長するものと同じレヴェルにあるのだろう。活発な精神というものは、際限なく休むことはできない。あまりに根を詰めすぎないよう、無理なく健康的に勉学することを教えれば、すべてがうまくいくに違いない。反対に、正常な運動が厳しく妨げられれば、多くの名状しがたい害悪が結果として生まれると考えられる。

この「女子に無為を強いる」方向で議論を進めることは不要であり、屈辱的だと思える。しかしながら、女子に対して「活発な精神活動を阻む」「中断型の教育制度」を、全国でわずか一校でも実際に採用するかもしれないという忌々《ゆゆ》しい可能性がある限り、私には前へ進もうという勇気が生まれる。

思春期の初めの重要な時期に、男子に適した教育制度についてひどい石頭の助言者であったとしても、男子を何日も部屋に閉じこもらせ、一人もしくは若い仲間だけと何もさせずにただ過ごすべきだと勧めるだろうか。さらに、その危険は女子にも害をもたらさないはずがない。女子は、外の世界の悪行に駆り立てられることは少ない。しかし、堕落した感傷を助長させる害悪が、まさに迫っている。女性は過去に受けた教育によってすでに意志を弱められ、目標も狭められて、向上心も低く抑えられている。クラーク博士が提案している教育課程では、こうした害悪がいっそう増大すると考えられる。無垢な少女が快活で美しく、率直なほど大胆なのは女性らしい正直さを保証するものだが、私は、そのような少女のなかに悪意につながる異常な性向があることを示そうとしているのではまったくない。しかし、もしわが国の教養ある若い女性が、本を読むことや健全な精神的向上から関心をそらすよう習慣的に求められているとしたら、たしかに彼女たちは無益な話題に関心がとどまってしまうだろう。

そうであれば、なぜ、男子と女子に対しては別々の学校制度を選ぶのだろうか。毎日の習慣になっている適度な運動というのは、健康な女子にとって望ましく健全なものであり、それはほかの誰にとっても同じである。そして、毎日の頭脳労働も同様に、女性の成長における強さと調和にとって不可欠なものである。

女性らしい身体が、成長と発達を断続的かつ周期的に引き上げることによって完成するというのは、真実ではない。身体はつねに多少なりとも活動的であり、完全休止はない。というのも、消化すべき十分な食物の供給で、胃は活動するように刺激され、その過程はまったく受動的というわけではないからである。これは、身体機能全体にあてはまる。

落葉樹は、冬でも相当量の仕事をしている。それは荒れ果てた活気のない状態に見えるが、氷と雪に覆われているさなかでも、そのゆっくりとした活動は木全体のあらゆる芽と繊維にしっかり栄養を運んでいる。そして一二月よりも二月のほうが、樹全体で成長が進んでいる。樹液が葉脈のなかを自由に循環しはじめると、一気に芽吹き、いつでも花を咲かせられるようになる。もし、自然がこのような厳寒期にも多くのことを成し遂げることができるとしたら、若い女性は整えられた家や快適で暖かな教室のなかで、精神力と活力を調和させてしっかりと成熟させられるはずである。われわれは自然の過程に直接的に逆らうのではなく、自然とともに賢明に働くことだけが求められている。自然が栄養過程を進ませるために非常に活発であるときには、われわれは最大限に休息し、脳と筋肉の使用を最小限にすべきときなのである。分別ある詩人は、刺激的な飲み物を取り過ぎたりしなければ、酒宴の後の数時間はふつう詩作をすることなく過ごすだろう。また、まずまずの能力をもつ女子生徒は、教師から過度な働きかけをされなければ、同じ年の少年と同等の立場を維持でき、女性としての機能を損なうこともないだろう。生理学的に、女性を教育するとよい。しかし、女性の勉強方法を女性特有の体質の必要に合わせるためには、女性がもっている優れた感覚に頼るべきである。

解剖学や生理学や病理学にどれほど精通している人であっても、少女より若い女性のほうが自然から受ける制約が厳しいと断定することなど、誰ができようか。また考えることで、成長する身体に細胞をひとつでもつけ加えることなど、誰ができようか。消化が良いことは、バランスのとれた身体的発達を保証する。子どもは、あらゆる筋肉を徹底的に動かしながら際限なく動いているが、まさしくそのさなかに、子どものすべての身体組織はもっとも急速に形成されるのである。筋肉の増強は物質をむやみに消耗するが、その消耗が修復への刺激となる。つまり、筋肉の使用は、使われた筋肉を増強させ、完全な有機体と相関関係にあるすべての機能を強めるものなのである。

これと同じ原則に立てば、少女はみな健全な活力をもって、精神と身体との適切なバランスをとるよう、恐れずに運動すべきである。少女というのは、たやすく壊れてしまう装飾的なポーセリン磁器ではない。彼女たちの本質にある調整力は、弱く組み立てられているからといって簡単に乱されるものでもなく、また、精神と身体がひどいバランスにあるからといって、ひとつの方向でわずかでも働かせすぎれば、それに対する罰として別の方向で虚弱や病気になるというものでもない。

Ⅲ

おそらく多くの女性は、性別が人生の諸事全般に影響するという一般的な議論から本能的にしり込みするだろう。それは、自然の方法が粗野で品位に欠けるものだからではなく、大衆の感情が無知と悪意で歪められることが往々にしてあることを知っているからである。しかし、女性の教養を高め活動領域の拡大を主張するすべての人びとに徹底されるべきだと、共同体が決めている事柄すべてに、躊躇することなく着実に向き合うときがきている。これには時宜に適った議論がされるであろうし、実践上価値の高いものであるべきだ。なぜなら、いま一般に認められているのは、なすべき働きというよりも、むしろ働く方法であり、これが今後、両性の領域を実質的に決定していくのである。

クラーク博士は、この数年で広まっている提案の多くに意見を述べ、明らかにしてきた。女性は習慣的な勉強を進めるための身体的能力を欠いており、成長期にある女子を男子と同じ教育課程で競争させることは許されないと主張し、また、普通の女性は知的労働が続く緊張状態に耐えられないという推論に、われわれを直接導いている。共学制度がわが国の学校や単科大学で急速に広まっているが、博士はそれを「神と人類に対する罪であり、生理学者が反対するもので、経験からすれば嘆かわしいもの」だと断言している。それゆえに、男女共学を誤りとする彼の著作には、社会全体から高い関心が寄せられている。すなわち、共学は女子の健康を危険にさらし、子どもを持ちたいという希望を挫き、子どもを持てたとしても虚弱体質の子になるという脅威をもたらすと言うのである。

しかし、証人となる資格は、男性より女性にあることは間違いない。あらゆる点で、女性が共学の議論に加わろうと進み出ている事実は、彼女たちが本能的かつ相互扶助的にこれを真理として認めていることを示している。われわれの多くがここ数年感じてきたように、「女性の問題《ウーマン・クエスチョン》」はまさしく生理学的論拠と心理学的論拠の比較によって、解答されるものだ。われわれは自説の表明をためらい先延ばしにしてきたが、クラーク博士のおかげで、これ以上の沈黙は、彼の結論が正しいと認めることになってしまうと考えるようになった。

女性の身体構造と機能のおもな特徴に関する彼の主張は、標準的な著作にみられるよりも明解かつ広範なものであり、男女の資質を分岐させる自然の方法について正しく理解している点で、過去のいかなる生理学者をも凌《しの》いでいる。したがって、人びとは彼の主要な身体的仮説と精神的仮説のどちらも素直に受け入れ、「女性の平等」という理論を認める十分な根拠に立っていると評価するかもしれないが、実践面では、いたるところで彼とは意見を異にしている。

よくある質問としては、つぎのとおりである。日々規則正しく数時間を頭脳労働に充てることは、女性の体力を弱めるか、または弱めるような傾向をもっているのだろうか。男子にはふさわしい健康的な毎日の授業が、女子には苛酷すぎて脳を働かせるために血液を引き出し、女性らしい適切な成長に支障をきたすほどのものなのだろうか。また、健康的な生活において女性のどのような日またはどのような期間でも、適度な勉学が生得的な力強さを消耗させる傾向にあるのだろうか、それとも、虚弱状態や病気のどちらも直接的に悪化させてしまうほどの過剰な反応をもたらす傾向にあるのだろうか。これらの質問はすべてひとつにまとめることができ、一五歳の少女にも三〇歳の女性にも同じようにあてはまる。それは彼女自身の幸福だけでなく、次世代の幸福にもかかわることとして答えが出されるに違いない。

同じ結論に到達するにはさまざまな道筋があるが、最良の方法は経験にもとづくものである。ヒギンソン大佐[23]は、多くの人びとと同じようにこの問題に関するデータを収集した。そして彼は、共学で男子と一緒に学んだ女子や同じような教育を受けた女子は、それほど勉強をしなかった姉妹たちと比べて健康的に劣るのかどうか、われわれが決着をつけなければならないと、適切にも主張した。これに、私が自分の見解を補強するために、勉学は男性と同じように女性にとっても健康的なものであり、そして今日のような社会であれば、自分が勉学に励んだ時代に比べ、勉学が両性にとって健康的であることはいっそう正しいに違いないという、個人的証拠をつけ加えることは適切であろう。

最近の母親は幼ない子どもを早期教育に出しているが、私も三歳のときから学校に規則正しく時間どおりに通い、二四歳になるまで人生の半分から三分の二を学校で過ごしてきた。私は女子校には通わず、男女が一緒の教育制度のもとで「成年」に達したのである。この間ずっと私は平均的な男子と同じように長時間続けて勉学をし、暗唱において著しく能力が劣っていることもなく、授業で学ぶ以外に、男子と一緒に現実的な頭脳労働に数年間取り組んだ。それでも私の健康状態はおおむね良好で、神学校で私は経験上もっとも厳しい研究に没頭していたにもかかわらず、神学校を出た後の数年間もいたって健康であった。ところが、よくある勉強のしすぎが原因ではなく、そのころは父親の世代の信仰が根底から揺さぶられるような時代であり、こうした状況では稀なことではなかった厳しい試練にあい、私は健康を害したのである。もはや信じられていない多くの事柄を教え続けることの苦悩や、良心に従って選んだ職業であったが言い表わせないほどの障害に直面して、牧師という職を辞するかどうかの葛藤が大きくなっていき、私の健康は深刻な状態に陥った。けれども、私はすぐさまより広い信仰と確かな健康を得て、これらは今日まで弱められていない。私は六人の子どもを持つ母親であり、そのうち五人は普通の子より活気ある体質に恵まれたが、一人はまったく健康な状態であったにもかかわらず亡くなってしまった。全知全能の神のみが完全に守ることができるものだが、その出来事は幼児にふりかかる災難のひとつであった。結婚生活のなかでも、私は頭脳労働に毎日平均三時間をあて、それに新聞や多方面にわたる軽い読み物は含んでいない。偶然の一致だが、この期間がちょうど一八年となり、結婚生活でも私は「女性の法定年齢」に達したのである。

ここでつけ加えることが許されるのならば、寿命を縮める多くの悲しい出来事があることはわかっているが、私は精力的に研究できる力が二五年、三〇年、そして四〇年以上にわたって続くことを望んでいる。私がこのように見越すには理由があり、私の母親は八〇歳を越えて健在で、父親は体は年老いているが思考力はいたって活発で、まもなく九一歳の誕生日を迎えようとしている、このような両親を持つ娘だからである。

女性が健康を害することなく頭脳労働を続けられるのは、女性の能力の例外的な実例だと思えるかもしれない。しかし、私は単に人間の力の実例だと信じている。その能力とは、精神と身体の日々の鍛錬と、十分な休息や休養とを交互におこなうことによって成長していく、人間の力のことである。

この問題に対して経験だけを根拠に判断する前に、われわれは似たような多くの事実を必要としている。サマヴィル夫人は九〇歳代になっても科学と哲学に関する著作を執筆していたが、彼女のような女性の明らかな身体的強健さは、われわれ女性にとって少なくとも励みとなる。いま生きている女性では、マルチノー嬢やフランシス・パワー・コッブ、ほかにもイングランドですばらしい知的業績をあげている多くの強い意志をもった女性たちがいる。[24] アメリカには、チャイルド夫人やキャサリン・ビーチャー、カッシュマン嬢やマライア・ミッチェル教授、エリザベス・ブラックウェル医師やエミリー・ブラックウェル医師、メアリー・L・ブースやグレース・グリーンウッドなど、この四半世紀のあいだに各方面の頭脳労働で多大な役割を果たしてきた女性たちがたくさんおり、彼女たちのほとんどが平均的水準に比べてはるかに健康である。[25] もし、彼女たちが、古きよきクェーカー教徒の慣例に従って、謙遜しながら「女性の信仰告白」を出すようなことがあれば、習慣的におこなう無理のない頭脳労働は、女性の本質を傷つけることにはならないという意見に、おおむね同意するだろうとの期待を抱くことができる。

Ⅳ

ある理論のためにとられた統計というのは、よくいわれているが信頼できない。しかし、つぎのようなことを偏らない見方で納得するには、何気ない観察をすることだけが必要となる。わが国の五分の四にあたる女性が、近年もっとも低いレヴェルからもっとも高いレヴェルまで、あらゆる仕事の分野で大いに活躍しているが、そうした女性はしっかりと健康を保ち、慢性的な虚弱さやたび重なる深刻な病気をまぬがれている。こうした活動的な女性たちのなかに、真の強健な体質にきわめて近い例をみるだろう。それは、いかなる国でも環境でも名誉とされ、女性の健康にとってもっとも有利なものである。

この主張の正しさを立証するためには、町や国でただ自分の知人を見渡してみればよい。そして、毎日家庭で家事をしている妻と、それ以外の、たとえばまったくの有閑階級の女性たちを比較させてみればよい。また地域の慈善活動に積極的な女性や、戦時下にあって公衆衛生委員会や似たような慈善団体を支持する女性について書き留めておくとよい。裁縫店を経営し、また似たような職種にたずさわっている女性事業家や教師、作家や講師、芸術家、あらゆる社会階層のなかでリーダーや経営者として活躍している女性たちについても、そうするとよい。そして、彼女たちと、その他の点では一般的な生活様式がほとんど似ている怠け者の女性とを比較し、または、家庭や工場で働いている少女と、美味しいものを食べている優美なお嬢さんとを比較してみるとよい！　どちらが、神経過敏で頭痛持ちであるだろうか。どちらに、女性特有の弱々しさがあるだろうか。どちらが、星の数ほど多くの病気を持っているだろうか。それは使用人の少女ではなく、彼女たちが仕える「女主人の娘《小さなミストレス》」のほうである。つまり、活動的な女性ではなく、活動的でない女性のほうなのである。

アメリカ女性の健康が脅かされているという世論が近年高まり、この世のなかの半分にあたる女性がみなパニックになっていることがわかるだろう。女性たち自身は、繊細な体質がもっとも魅力的であると思い込み、極度の虚弱さも美しく興味深いものとしてひそかに自慢している。彼女たちの医者や世論に敏感な出版関係の男性で、彼らがかかわっている「社会」の状況を記録する仕事につく人びとは、この楽しげな病人の魅力を通して女性たちの世界を見るに違いない。より広い視座に立てば、こうした状況もある程度は変わるかもしれない。もし、働きすぎで何千人もの女性が死ぬとしたら、十分に働かないことでは何万人もの女性がいっそう惨めな死を迎えてきたというのが、私の強い確信のひとつである。ブラウン＝セカール博士[26]がたしかに述べていることには、ヨーロッパの他の国々に比べて、わが国は人間も家畜も生命力がより強く、それが長く持続しているということだ。このように国による差が大きいため、わが国の生理学者がこの点に関連するいくつかの事実について簡単に説明をしても、ヨーロッパの「学者」たちからすればそれは誇張しすぎであり、まったく信用ができないと非難されてしまうのである。そうであれば、わが国の医者や牧師、大学講師や新聞記者に、ブラウン＝セカール博士の非常に権威をもった主張を考慮したうえで、新たにその状況を考察させてみるとよい。すると、つぎのようなことがわかるであろう。わが国の女性たちは、大西洋の向こう側の多様な女性に比べて体重はわずかに軽いが、持久力ではわずかに勝っている。こうして、自然はいたるところで価値のバランスを保つよう工夫しているのだ。

このように生命力が強い理由は、博士が考えているように、エネルギー流出の減少傾向によると考えられる。［大西洋の両側で］この差は非常に大きいので、もしヨーロッパにいたら博士の手にかかって死を迎えるかもしれないほどの深刻な手術をほどこしたウサギが、ニューヨークではたくさんの人参をもくもくと食べて生き延びることができたのである。そして望むらくは、楽しくて本能的な考えがもたらすゆったりとした気分を享受できるならばと思うのである。これに対応して、大西洋を挟んだ両大陸で機能的な傾向の違いはあるのだろうか。この機能的な傾向の差はいつの時代にあっても、わが国の女性が普通にたずさわる職業につく場合、他国よりも不自由さを感じることなく、健康に対する危険性も減らしてきたと考えられる。これは考察に値する問題であり、おそらくはわが国に帰化した女性たちがその最良の答えをもっているだろう。アメリカ生まれの大多数の人びとが主張することには、「女性にとって」なにか適度な運動や数時間の勉学やふだんの朗誦会での興奮ぶりが、ある期間心身ともに疲労させ、異常なほどエネルギーを流出させるのに十分だとしたら、こうした事実こそ、女性の健康が損なわれ、病人のような扱いが必要なほどの十分な証拠になるという。共同体のすべての階級で気づかれもせず、協調行動がとられないことで広がってきている習慣は、彼女たちにまったくの気まぐれというつむじ曲がり以上のことを勧める、そうした何かをもっていると結論づけて間違いない。それならば、是非ともわが国の「学者」たちに、女性の健康という問題について、風土的観点から新しく捉え直してもらうのがよいだろう。

その際、ほかの国々や過去の時代を参照することは、有益である。しかし、単なる道徳律を除くどのような慣習も規制も、極端に違う状況では拘束力にはならない。レビ記の掟は、民族全体が疲弊してつらい移動で歩き疲れていた流浪の時代にあっては必要なものであり、おそらく強制力をもっていたが、今日みられるような客間に座っているだけの甘やかされた女性にふさわしいものではない。それはちょうど、われわれの宗教的規律に、典型的な生贄《いけにえ》の捧げ方や儀式的な習慣が適していないのと同様である。

健康と働く力とは相関している。クラーク博士に対する反対論者は、もっとも優れた生徒はもっとも健康的な少女でもある、と主張する。一方、クラーク博士の支持者たちは、彼女たちは健康だからこそ優れた生徒になれるのだ、と反論する。これは、両者とも正しい。健康であれば勉強がはかどり、また逆も真実であり、勉強することによって健康が増進される。能力は使うことによって発達し、機能は鍛錬して強くなり、そして新しい活力へと変わるのである。働くことは健康をもたらすもので、身体に不可欠である。この主張に対して反証がなされるとしたら、われわれは間違いなく異議を唱えるであろう。というのも、この法則はあらゆる生物の本質という基礎と同じくらい深く広いものだからである。

消化を良くするには、われわれは単なる消化のために食べ物を供給するだけでなく、栄養を同化および吸収するために十分身体を活動させせなければならない。虚弱なシステムでは、使い道の決まっている量よりも多い栄養が入ってくることで食べ過ぎになり、その活動が止まってしまうことが多い。もし、消化不良の女子が、脳もしくは筋肉のどちらかを活発に働かせ、急速に消耗していく組織を再生するために必要な消化物を十分に作り出すとしたら、その女子は、いまは消化に苦労している量の二倍の食べ物を楽に消化できるようになるだろう。食欲不振や一般的な虚弱さというものは、極度の無活動状態がもたらすもうひとつの結果である。

鍛冶屋の鎚の一振り一振りは、彼の腕から相当する筋肉量をたたき出すことに等しい。そこで生命力が救援に駆けつけ、老廃物を捨て去り、そして筋肉の消耗部分を修復する。そのとき、新しい物質は前よりも圧縮して詰め込まれる。こうして構造全体をたゆまず大きく強くさせ、鉄のような耐久性のあるものにする。この消耗が激しいほど修復は活発におこなわれ、鍛錬に鍛錬を重ねて逞しくなった身体組織は、ますます力強さを増す。

このような活発な廃棄と再生というプロセスが、腕で起こっているにせよ脳で起こっているにせよ、結果はまったく同じである。物理的な脳における大きさや密度や脳回〔脳の皺と皺の間の畝の部分〕が増えることは、栄養素材とそれがもたらす力の増大を表わすものである。どのような能力であれ、力強く使うことは、循環の速さ、すなわち循環の力強さの増大であり、つまり、利用された器官から始められ、伝達され、ある程度身体全体に分配されていく生命活動を意味している。この点に関して、頭脳労働は、身体全体に対する効用という点で、通常の身体的運動に比べて若干不健康であり、若干影響が小さいというが、これを証明するのは難しいだろう。いずれにしても、その証明の責務は、そのように主張する人びとにある。脳は、ほかの器官に比べてその過程が急速で、それだけすぐに消耗してしまうというものである。しかし、私は率直な意見を述べてみたい。つまり、既成の一連の事実が生理学的に解釈され、公認の原理が科学的に応用されてみると、〔脳に〕つけ加えられた知的あるいは道徳的な影響は測り知れないもので、そうした影響とは独立に、脳の力を習慣的に行使することは、ほかの種類の活動と同じように身体的に活力を与えることがわかるだろう。

V

神経系は身体における脳のシステムであり、そのしくみは思考や感情や随意運動といったすべての過程にとくに適応している。つまり、その随意運動を模したこれらすべての反射運動に適応し、そしてすべての器官の成長と栄養過程の促進に適応している。神経は文字どおり広がった脳であり、体のあらゆる細部へと分かれて血管をあらゆるところに巡らせ、あらゆる筋肉に枝分かれして、全身を活動させている。神経は、脳の白質や灰質とまったく同じ特有の物質から作られており、あらゆる繊維は、一様な成長パターンをたどった後に綿密に作り上げられる。それは普通の木における、あらゆる小枝と大枝と幹と根が構造上ひとつであるようだ。

動脈と静脈のように、神経は中枢から足の先や指の先へと外に向かって広がり、そしてまったく別の道筋を通って戻ってくる。心臓は、中空の管をみごとに広げたすばらしいと認められている重要な器官であり、そこにはシステムの血液が循環している。そして、脳は驚異に満ち生命に欠かすことのできない神経のバンヤンの木［枝から多数の気根が垂れて地面に届き支柱となるインドの聖木］であり、部分的に独立した神経節、もしくはすべての重要な中心部で新しい根を形成している。そこで求められるのは、活動的な生命が複雑で永遠に続く過程において前に進むことである。

神経は、女性の身体と特別に関連したものであると、長いあいだ認識されてきた。

頭蓋骨を入念に測定し、脳が大きいことを理由に男性が女性よりも知的に優れている絶対的な証拠だと主張する独断論は、信じられないほど特異で根拠のない決めつけである。まず、ブラウン＝セカール博士や、急速に発展している神経系の科学分野の教授に、乳腺という女性特有な神経叢の特別な重要性を、情緒的かつ直観的で道徳的な女性の本質と関連づけて証明してもらうとしよう。そして、成長し、生きて、死ぬ補助的な神経について、何かをもっと、新しい子宮のなかで理解しよう。その何かは、母親のためではなく、まだ生まれない赤ん坊のために成長し、作用し、生きて、そして死ぬものであるけれど、母親の生命にも生理的かつ精神的に大きく影響するものでもある。女性の脳のシステムが、その付属部分もすべて含めて、男性とはどれほど異なっているかをはっきりと理解しよう。つぎに、もしこの結論を諸事実が保証するとしたら、優位性を主張する古い時代の男性に対し、われわれは同等の自信をもって、より啓発された理解にもとづいて自慢することにしよう。

男性における身体組織の大きさや活動の強さ、存在と行動のすべての形態における量または数が、女性におけるいっそう複雑な構造や、それに対応した機能のいっそう速い活動とバランスをとっていることをわれわれが理解するとき、圧倒的な速さは大きな力に対する公平な埋め合わせであるという結論にいたることができる。女性の複雑な構造はかなり小さい型のなかで完全なものにされているからこそ、それに比例し、完成度としてはより精巧なものになっているに違いない。また、女性の構造にはさらに繊細な組織や微妙な過程がみられ、それらは等価な力になっていることを表わしている。この提言には説得力がある。

生理学者は、女性の肌は男性に比べて薄くて新陳代謝が良く、女性は血液循環が速く呼吸数も多いと、教えている。その一方で、皮肉屋は、女性の神経は角がとがっていると主張している。また、女性は感情や直観が鋭いということが一般に信じられている。それならば、男性が「力を得た」のは男性が「速さを失った」ことだという結論を妨げるものは何なのか。もしくは法則を反転させて、女性が「速さを得た」のは女性が「力を失った」ことだという結論を妨げるものは何なのか。進化という同一の面において、両性が同等なものとして生命をスタートさせたのではないことを示そうとしているのは、誰なのか。

片側は大きく美味しそうで、片側は小さくてまずそうな形の悪いリンゴのように、創造主が人間をバランスのとれない非対称なものとして形づくる不公平な衝動に駆り立てられたとでも言うのだろうか。そのような仮説を立てることを押しつけようとするアプリオリな独断論に完全に頼ることは、それが学問的であろうとなかろうと危険である。

もし、われわれが等価なもののうちにある多様性という理論を受け入れるなら、もはや対称性は必要とはならない。身体的にも精神的にも道徳的にもすべての力の質が等しく、両性を同等とみなすならば、創造主である神は正しいことが証明され、「女性」は高尚な存在になるだろう。だからといって、「男性」がその地位を追い落とされるわけではない。アプリオリな主張は、私のなかで完全に覆《くつが》える。全能の神は、片方の器を名誉なものにつくり、片方の器を不名誉なものにつくったかもしれない。しかし、その目的に適切な動機を見いだせるとしても、そうしたことよりもはるか後を見越した主の恩恵を、われわれは授かっているはずである。

劣った大勢の人びとから拍手喝采を浴びるよりも、同等な人からの一言に喜びを見いだして、世界のなかで真に偉大である数少ない男性は互いに握手を求め、大洋や大陸を越えていかに手を伸ばしあっていることか！　自分と同等な人びとを正しく評価し、仲間づきあいをすることは、どこにおいてもすばらしく価値のある社会的要素である。これに加えて、両性のあいだには特別な熱意に対してよく反応し活発化させる影響というものがあり、また、人間の共感性から生じる効果を維持し完全に高尚なものとする私の高い理想を、あなたがたももっていることだろう。しかし、つねに男性は王侯然とした挨拶をし、品行方正さを自負した姿勢で、天を仰ぐその視線は女性を見下ろしている。こうした態度は社会的合意を啓発するものではなく、両性どちらに対しても思いやりを欠く感じの悪いものである。

たとえ自然の創造力が、道徳的予測をもたず盲目的に作用しているように思えても、数のうえでは等しくバランスがとれている両性が、高い価値においてはまったくアンバランスだと考える十分な理由は何であろうか。幸いにも、この問題は神経と筋肉、またその機能の質と量を比較した証拠によって最終的に解決されるものである。これは思考と感情のバランスの証明であり、論理的かつ直観的で、それらに似た等価な力についての証明にもとづいて解決される。「古い時代の男性と彼の行動」は、みずからを優れたものと宣言している。新しい女性は自分の行動によって、彼女の同等性を主張している。もし、科学的に問われるとしたら、自然はどちらの側に立つと宣言するのだろうか。

両性の能力に関していえば、現在われわれはその仕事量の等価を損なわないようにすることだけが求められている。男性はより重い物を持ち上げることができるが、女性はより辛抱強く病気の子どもの側で看病を続けることができる。これは少なくとも最近の意見である。女性の体質だけにみられる機能の周期性（実際は動脈や静脈の血液循環と密接にかかわっている）というのは、摩耗した組織を除去して酷使された神経を蘇らせる特別な方法を通して、失われた健康を繰り返し回復させるよう刺激を女性に与えているはずだと、もし生理学がわれわれに示すとしたら、それは核心部分に達している。こうした結果を、女性や医者は証言するに違いない。つまり、女性の身体の働きが負担に耐えているときはいつでも、また子どもを出産する前後で、母親の役割のために忍耐強く待つことや、ある程度強制された筋肉および精神的な休止状態が必要とされるときはいつでも、臨時に働く器官の作用がバランスを回復させるのである。自然は、違いはあるが同類の方法によって、女性の健康を保ち回復させるための備えとなる特別なシステムを設けてきた。これらの備えは、働きすぎることにも働かなさすぎることにも、同じような適応をしている。なぜなら、どちらか一方に障害が生じた場合、それがシステム全体の作用を混乱させてしまうからである。女性の備えは過度の筋肉運動に応じて、知的能力や感情的能力を使いすぎることにもみごとに適合している。それは単に母親の役割に関連しているだけでなく、一般的にはより興奮しやすい女性の気性である速い活動のためにも必要とされる、特別な備えなのである。

したがって、精神的および身体的に等価な量の仕事を、男性と女性はある程度違った方法でおこない、その他の事柄は等しいにもかかわらず、平均的な男性よりも平均的な女性のほうがはるかに上手に進めることが多いという結論に、私は達した。

VI

「高まりをみせる女性の問題《ウーマン・クエスチョン》」はあらゆる方面で、われわれがこれまで慣れ親しんできた考えよりも幅広く、もっと急進的である。女性ならびに女性運動が急速に目立ちつつあることを十分に把握することなく、現在、アメリカやイングランドで進んでいる議論について、誰も理解することはできない。こうした議論は、教育問題によっていままさに表面化したものもあるが、多くの議論はきわめて科学的な議論の層のなかでも非常に広大な底辺部分から始まっており、そこには社会生活や進歩に関するあらゆる問題が存在している。これらの問題は新しい予期せぬ関係のなかで起こっており、それは思考の世界を呼び覚まし、長いあいだ繰り返し粘り強くいわれている「基本的人権宣言」を早急に考慮するよう導くに違いない。

女性たち自身がいざというときに力を発揮するよう望むばかりだが、そのためには女性のために用意された入口に歩みを進めるだけでなく、力強く能力ある中心的存在として、しっかりとそこに立つ用意をすることである。しかし、これを疑問に思うならば異端となるだろう！　女性は、自分たちの働きをそれに相応する男性の業績と比較する機会を得てはじめて、本当はどれほど女性が強いかを知る。これは、過去にはできなかったことである。女性の働きについて評価しようとするときはいつでも、直接男性の基準で測ることが主張されてきており、いまも主張されている。もし、こうした基準からみて足りないのであれば、そのほかの重要な真価も認められない。神学的理論と論理学的理論は、男性は身体的にも精神的にも優れており、女性は劣っていると、どちらも同じように教えている。つまり、男性は「神が定め」「進化して」優れた存在であるのに対し、女性は「神が命じ」「自然選択によって生まれた」劣った存在としている。それゆえ女性の働きは、量的にも質的にも男性の働きに劣るという。けれども、とりたてて言うほどの差異も存在せず、少なくとも哺乳類すべての種に共通している生殖機能を越えては何もない。

科学者が証明したのは、一ポンドの水の温度を一度上げるのに必要な熱量は、七七二ポンドの水を一フィート持ち上げるのに必要な力学的な力とまったく同じだということである。彼らは「一ポンドの石炭のかけらを燃焼させたときに生じる熱量は、一〇〇ポンドの重さのものを二〇マイルの高さまで持ち上げることができる」ということを計算した。

これは共通の価値という点から、力の状態が同じでないものを比較している。わずかな量の熱でも、持ち上げようとする大きな力と同じだということである。つまり、一ポンドの石炭のなかに閉じ込められているエネルギーを止しく使えば、一万人の頑強な大男の筋力よりも、実質的な働きをすることができる。男性と女性のエネルギーの状態がそれぞれ違っていることを正確に測ることは、大変で困難ではあるが、両性における何らかの自然な調整と価値の等価という可能性について、科学者たちが疑うことは想定できる。しかし、科学者たちがそうするなら、われわれは彼らの最新の結論に証拠を見つけることができない。それどころか、いまや彼らは、女性を永久に精神的に劣った地位へ科学的に送り返そうとしているのである。

もし「学者たち」が、このようなひどく偏った理論を覆すのに有効な理論上の武器を、なんとかして提供するのであれば、女性がこれらの結論の根本的な課題について再考するのに、あまり時間はからないのではないだろうか。体の大きさと強さが、いつも大きな力を示しているわけではないのである。男性と女性が違っているのは、彼らが表に出している能力の度合いというよりはむしろ、身体的および精神的なエネルギー状態の相違であることがたしかにわかっている。熱や揚力、化学的親和力、物質のエネルギー様態など、これらの影響と同じように両性の働きは一般的には似ていない。しかし、もし両性を比較して公平に評価をすれば、各々自分たちの権利のもとではじめて正しい評価がされるはずだ。

エネルギーが低い状態で余っているその幾分かを、高い状態のエネルギーに変えることを両性が学ぶとしたら、彼らは多大な恩恵を受けるであろう。このような変換をすれば、個々の発達のよりよいバランスを保証し、より立派な社会的結果を促進することになる。

修正された生理学では、習慣的な勉学は成長期にある少女の健康に過度の負担となるはずだ、と決めつけている。しかし、よく知られているように、少女が通常悩んでいるのは、大いに考えなくてはならないことではなく、刺激されすぎることと誤った方向に感情が向けられることなのである。バランスを維持し、つねに好ましい秩序をつくりだすよう神経を保つためには、女性は一般的にあまりに神経質すぎるか、あるいは神経の力があまりに少ないか、そのどちらかである。一方、男子や男性の大部分は知的すぎることもなければ、自己統制力が発達しすぎているわけでもない。それでは、どのような種類のエネルギーが、きわめて多様で支配的な神経の及ぼす力（force）と潜在的な力（power）へともっとも有効に転換するのだろうか。それは思考ではなく、感情である。または、多くの語句表現のなかから選べば、感情や感覚が作用するものであり、それは年齢や性別や個人的気質によってさまざまな特徴をもっている。

日常的に小説を読むことや、早い時期に戯れの恋をすること、若いうちにパーティーに行くこと、そうした類の早熟な異性への関心をかきたてる流行りの方法は、思春期を楽しみに待つ性向へと向かわせる。似たようなことが原因で、あらゆる年齢において、性的な機能が過度の負担となっている。情動はどのような種類でも、もっとも上品で高尚なものでさえ、ふさわしい行動へと伸ばしていかなければ同じ結果になってしまうのである。ほとんどの子どもが、音楽的才能や、そのほかの感情的もしくは芸術的な発達において不釣合いに育てられていないように、子どもが背伸びして早熟な男性や女性になるなどということもない。働き者で素朴な召使いの少女は、体質が弱い「女主人の娘《小さなミストレス》」に比べていつまでも、子どもらしさを残している。宗教的熱心さというのは、宗教的行為を強いる力としてよりも、目標としては敬虔な感情を育てるものであるが、その熱心さでさえ、女性の虚弱な健康状態や事実上の不道徳を体質上直接的に助長してしまう。

神の摂理には、男性や女性が感情にまかせて生きることを意図するところはまったくない。神が下される罰は、第三世代や第四世代にまで受け継がれていくものなのである！　こうした特別な欠陥や誘惑は両性で異なっており、東と西ほど離れていることが多い。しかし、両性の感情や感覚の独特な文化をどちらが主張しようとも、自然が課した罰は受け入れなければならない。

もしこうしたことが事実で、生理学者によって広く認められ、医学雑誌で言及されるかもしれないのであれば、毎日適度な勉強をし、感情を直接的に抑え込んで同じ等価な量の思考へと転換させ、時間や注意や関心を賢く使うことが、もっとも繊細な集団である女子にとってさえも、善よりは害を与えるものなのだろうか。もし、何かが少女たちに体力を与えることができれば、辛抱強さゆえの興味の単調さは和らげられるだろう。勉学は、少女たちに必要なひとつの刺激ではあるが、唯一のものではない。

気むずかしく神経質で蒼白い顔をした女性たちは、つつましい感情というそれ自体はよいもので可愛らしいものだが、そうした感情をいつまでも持ち続けることによって、自分たちの人生を少しずつ無駄に費やしている。しかし、感情は、生の主要部分として、屈辱的な弱さや真の劣等性の基礎である。男性は失敗しても女性ほど心を動かすことなく、あるいはその反応にもっと多くの時間をかけて、その総体を圧縮することを学んでいる。もちろん、男性はもっと勉強することができる。勉学が感情よりも高尚だとするのは、等価な力の価値に等級をつける場合である。むしろわれわれに言えるのは、勉学がともなわなければ、信仰や希望や愛情は生の息吹きに欠け、それらをもつ人に致命的な影響を及ぼすということである。

もしわれわれが、体質全体の活力を高めることと生殖機能の活性化を低く抑えることによって、知的生活を長く持続させることができれば、未来を生きる世代は、「数」［マルサスの考え方に従って過剰人口を回避］や健康［養育できる以上の多くの子どもを持つことや、妊娠・出産にともなう母体の危険性の回避］、特質の調和と向上に悩むこともなくなるだろう。感情はすべての面において、対応する活動に向かう適切な動機づけとなるが、それ自体が目的化すれば、男性にも女性にも完全なる破滅をもたらすのである。

VII

学校の規律が正され、学問知識の水準が高まり、行儀作法や品行が良くなることは、「共学」の直接的な結果としてこれまで認められている。共学の試みは、それが両性の思考力を刺激し、行儀作法を良くし、道徳心を高めていることを実に決定的に証明しているため、いままでは［共学に］懐疑的な人びとも、この程度までは譲歩しはじめている。彼らはその試み［共学］のもっとも完全な正当化を、あらゆる他の観点からもっと効果的に疑問視しようとしている。

クラーク博士も、その例外ではない。このように共学が容認される状況に直面しても、彼は依然として、学校生活における性的な影響〔共学によって異性からもたらされる影響〕が重大な反対理由であるかのように、すなわち、わずかな害悪によっても締め出されなければならないものであるかのように述べ、それは説明しがたい方法によって非常に深刻な結果につながる、と語っている。性的な感情は深刻な結果へと必然的につながり、そうした感情は、学校生活でもそれ以外の生活においても強い力だと、彼は述べている。しかし、すべての学年の教育制度を数多く調査する機会を得たところ、本当に「共学」が原因といえる悪い結果はひとつも出てこなかった。そこで、私は多くの良い結果を調べたところ、そのような成果が着実かつ徐々に増加していることを見いだしたのである。こうして共学のもたらす良い成果を追求し、私は非常に異なるまったく予期せぬ活動分野に進んでいくことになった。

まもなく半世紀近い人生となり、その半分を共学という教育制度のなかで過ごし、さらにその後の人生を共学の効果の研究に捧げた一人の女性に、一流権威者とこの主題を議論する資格を与えたのは、経験と観察である。その際には、観察し根拠を引きだせる多くの現行の情報だけで議論すべきである。教師としての私の経験は、教会や日曜学校、講演会や臨時講義など多様で、十分に多方面にわたり、これに加え二校の公立中等学校と二校の私立中等学校でそれぞれ　学期を受けもち、すべてあわせると一年ほどとなる。こうした幅広い異なる状況は、「共学」の長所と短所を検証するのにみごとに適していた。

二八年以上前になるが、私はミシガン州の新しい人気のある学園で「レディ校長」［愛称］をしており、その学校は、実のところ西部開拓精神にあふれて幅広い取り組みをしていた。兄弟や姉妹が近隣の町から来て、部屋を調《ととの》え家事をして授業に出席した。おそらくは一人や二人のいとこや知人も、家庭的な集《つど》いに加わったであろう。しかし、何も不祥事は起こらなかった。若い人たちは勉学をするために来て、まさに勉学をしていた！ このことは、勉学が感情にとってもっとも良い実際的な昇華手段になりうることを示している。若い人も年配の人も男女のグループは一緒に、どのような種類の知的活動にも徹底的に関心をもたせるとよい。何度もこうした事実を繰り返し知ったことで、私はそれが小さな社会の道徳にとって、最上の安全装置になりうることが証明されたように確信した。それどころか、知的活動は感情を高め、役立たせるうえで、もっとも愉快で高尚な刺激でもある。

最初、私はおもに若い女性に教えたが、本当にはじめてホームシックにかかった私に、姉のような同情を寄せることができる十分な年齢の少女たちもいた。少年たちは「女性の先生の前で朗誦したくない」と感じており、なかには実際にそう言ったと報告された。いずれにしても、当時の校長から私はクラスを選ぶように言われ、学期が終わるころには自分の得意分野であった朗誦クラスか、男子のヒアリングの授業を受けもつところまでになった。

その結果、私にとって朗誦会に出席する仕事をこなしながら、大きな学校を規律あるものに保つという仕事は非常に容易になった。教室の外にいる少女たちは、さまざまな多くのいたずらをして、ときどき私を悩ませた。少年たちは、けっしてそういうことはしなかった。生徒たちがみずから勉強に関心を向けることで進歩したと言ったら、公平さを欠くだろう。なぜなら、校長が自分自身の経験や正しい判断や純粋な熱心さから、どうやって生徒たちを勉学に奮起させられるか知っていたからである。生徒たちは学校での勤勉さによって何も損われなかったと言ってよい。熱意に欠けてホームシックになっている教師の代わりに、活気に満ち、自分は学識や一般的能力や品行方正であることを試されているとしっかり理解している女性を、学校全体として得られたことは間違いない。

こうした試練の後、私が事実上納得できなくなったのは、若者がもっている激しく活発で変わりやすい感情である衝動や魅惑が、より高度な精神の活動を強めることではうまく統制できないということである。おそらくすべての感覚力のなかでもっとも力強い情動を、教育制度のなかで無視することはもはや許されない。社会学という完全な科学が、人間の究極的な到達範囲のうちにあるかもしれないし、そうでないかもしれないが、正しい実践的な方向ではいくらか進歩が可能であるに違いない。

性的な感情は指導され、変化させられ、統制されて、文字どおりほかの精神的活動へと変換させうるものである。ところが、こうしたことを理解することも、その結果がどのようにしてもたらされるかを知ることも、どちらも若い人に望まれていない。たしかに有益な目的に向かおうとする自然のプロセスは、教育制度にも組み入れなくてはならない。教育者が成功するために、揺らぐことのない強固な意志をもって進むべき道筋は、彼らの前から光線のようにまっすぐに彼方へ伸びているに違いないと、私には思える。少年も少女も異性を喜ばせたいという好ましい自然な願望をもっているが、そうした願望が、授業でよく学び礼儀正しく振る舞うことで、充足させられるはずだという点に関しては、これまで数多く証明されてきている。これは、何を意味しているのだろうか。それ以外に、理性的な影響を受ける社会的な強い力があるのだろうか。制御されない衝動の領域で、助けもなく手探りで模索するままであれば、力は世界を荒廃させるであろうし、一方、包括的に方向づけられれば、力はついには社会の黄金時代をこの世にもたらすだろう。

自己愛という虚栄心は、人生の美徳を培っているという思い上がりや、社会が丁重な礼儀をもって扱ってくれる状況では、若い男性にも女性にも数えきれないほどのうぬぼれ屋をつくりだしてしまうが、それを知的な自尊心へと意図して変えることができるのは、ほかのどの場所よりも学校の教室なのである。そこではごく自然に、よい服を着ているか、行儀作法が優美か、社会的地位が高いかなどよりも、学識によって評価される。愚かな戯れというまったくの不品行が、快活で好ましく楽しい仲間づきあいという徳行に変化させられる。

かつて私は母校で教えるために、ニューヨークの町に戻ってきた。そこは大部分がニューイングランドから人びとが入植してきたために、本質的にニューイングランドの特徴をもっていた。校長は親切な年配の牧師で、彼の意に沿って私はマウント・ホリヨーク神学校を卒業して、常勤教師か宣教師をめざすように勧められた。彼の助手は幼少時代からずっと私の同級生だった人で、ダートマスに行ったが、私はその後しばらくしてオベリン大学に行った。オベリン大学はすべての学部で、女性に男性と同等あるいはほぼ同等の間柄を認めていた。学生の半分は、以前の同期生であった。このような環境で、新制度を試してみることもなさそうで、私も、女子クラスの責任を任されるのであれば、自分の職務の「指導」部分を名ばかりの役職と考えるわけにもいかなかった。彼女たちは分別のある賢い少女であり、みな満足しているように見えた。しかし、勉学に対するどれほどの熱意を彼女たちのうちに目覚めさせることができても、彼女たちは概して、「階上［の公開朗誦会］」でおこなう課業に注ぐほどの力をださなかった。特別な手助けが必要なら、「階上の朗誦会！」に向けた課業準備でなかなか役立つのである。それらは、階上でおこなわれるのと同じ課業なのだから！　私の見るところ、彼女たちは快活で、よく学び、朗誦もうまい。それなのに、「階下［のふだんの朗誦会］」の醸しだす雰囲気といったら、コップの底に残ったソーダ水のように気が抜けていた。

オベリン大学には進学予備学科があり、私は以前、女性のための英作文クラスを受けもっていた。そのクラスは楽しくて満足のいくものであったが、同様の結果が注目すべきものであった。これら若い女性たちが授業に出て、教授と男性の同級生たちの前で作文を読み上げるように求められたとき、成功させたいという思いと、そのための手助けや助言への熱心な要求は、同じように明白に表われていた。

厳密に女子の学校では、非常に多くの勉強が必要とされる授業で、それぞれが全力を尽くしている。一方、共学制を敷く学校、あるいはヴァッサーのような女子大学においては（ほかの学校から審査され、比較されて評価を受けていることが知られている）、女子に高水準の学識を要求する影響に関していえば、これが異性の存在によって起こりうる結果よりも、失敗はもはや個人的な失敗ではないと女子に早くから意識させるよう、つねにかかるプレッシャーのほうが、大きな成果を生むことは確かである。少女たちみなに成功をもたらす直接的な影響は、同性から生まれる。女性は、知的能力が等しいとする証明を、歴史のなかではじめて求められていると直観的に理解している。

VIII

「共学」では、男子も女子も互いを活発化させる影響があることは十分に聞いている。しかし、女性が女性に対して抱く独特な共感性は、高等教育機関に通う女子や、これまで珍しかった研究に従事する女性たちのあいだで非常に発達してきているのに、それらは心理学者にはまったくといってよいほど認識されていない。女性のささいな羨望や嫉妬は、女性の特徴として引き合いに出されるが、それは表面的なものの見方をする人で、俗信でしかないような事実を集めているような人である。いまあるデータをもとにすると、もし女性特有の感情があるとしたら、女性の「身体に宿る心」という特別に発達した本能的なものだと認めざるをえない。

　これに相応する感情が、男性で同じように発揮されることはこれまでまったくなかった。しかしながら、事実はその主張をみごとに実証している。

　学校での女子の能力は、男子の能力によって試される。そこでは、女子は自分たちも仲間たちも、失敗することに断然我慢がならないのである。この感情がたびたび強くなるために、女性は自分たちより能力の劣る者を手伝わずにはいられず、個人的競争という意識もなくなってしまう。誰かがした失敗は、ほかのすべての人にはおそらく無意識に、個人的な憤りやその性全体にかかわってくる失敗と思えてしまう。比較してみると、男子は成功するのも失敗するのも自分ひとりである。彼の欠陥を光のヴェールで被《おお》うことによって、彼の仲間にとってはすべての過去の時代が明るく照らしだされる。

鈍い怠惰な女子は、彼女の失敗を男子のほうが好意的に見てくれると、しっかり感じている。男子はそれでもその女子を賞賛し続けるだろうが、女子はそうはしない。男子のなかには、女子の能力のなさを女性特有のしとやかさだと考える者もいるが、女性は自分たちの失敗を恥と思い、ほとんど屈辱だと考えているに違いない。このようにして、彼女たちは必ず成功へと互いを刺激しあうのである。

また、一人の女子の成功例は、ほかのすべての女子にとって、優れた学識の男子からの刺激よりも大きい。切磋琢磨する競争(emulation)は、個々の競争(rivalry)よりも強い。両性には、互いに模倣できない本質的と思われる相違がある。男子がしてきたことは今後も男子はするだろうが、女子はほとんどそうしないだろう。しかし、ある女子が達成したことは、ほかの女子からすれば直接に刺激となる手本だと思われている。

したがって、女性たちのあいだには姉妹のような強い共感性と助け合いの精神がみられるが、そうした共感や協力はまだ認められていない。なぜなら社会は不道徳な女性たちを追放し、邪悪なものとして引き離しており、さらに時代をさかのぼれば、その昔、立派な女性は衣服の端さえ彼女たちに触れさせることもなかったからである。また、病弱な女性や意地の悪い女性は、大衆の意見に促されればすぐさま彼女たちに石まで投げようとするものであったため、女性は互いに厳しく、男性よりも厳しいと信じられるようになった。しかし、これは事実にまったく反している。誰も不名誉の烙印を押されたくはなく、知性と同じく道徳においても、女性は女性という全体に属しているが、一方で、男性は男性という全体には属していない。もちろん、これは自然のせいではなく、慣習に原因がある。だが、結果は同じである。ある女性が道徳的な失敗をした場合、それはすべての女性にとっての苦しみであり不面目となる。この感情を、男性はひどく間違って解釈してきた。

平均的な女性であれば、同性である女性すべてに共感を抱くことは、まったく理解されていない。女性たちが互いに共感をもって助け合うことについて、これに相応する感情を発達させるように刺激を受けていない男性の心理的傍観者たちは、女性のそうした面を漠然と疑うことすらしないのである。

例をあげて説明してみたい。私が教職にたずさわっていたミシガンの学校で、校長は中途半端なことをまったくしない人だったが、私も生徒も予期していないときに、クラスを一日代わってもらいたいと、ときどき言われた。私たちは、これは私たちの何人かが試されているとわかっていた。少女たちが互いに、また私に対しても抱いている共感や、私が彼女たちに対して抱いている共感というのは、われわれが異性に対して感じるものとはかなり違っていた。こうした厳しい試練を全体として成功させたのはこの共感性であり、私たちを完全に満足させる結果となった。少女たちは私の傍らに立って、何か大変なことがあればすぐに手助けをするよう注意を払い、それは少女たちの家族がとてもつらい状況に置かれた母親や姉妹を心配するようであった。彼女たちは、互いに誠意をもってすぐに共感しあい、方法は異なるが効果的な手助けをし、それは男性のどのような援助よりもたしかに貴重なものであった。

その後この学校で、私は原稿を持たずに人前で話すことにはじめて挑戦した。それは女子生徒に向けて始めたが、短い講演を数回おこなった後、こんどは校長がほぼ毎週おこなっていた講演を私がすることになった。名目は全校生徒を対象としていたが、生徒たちが教会に集まったため、町の人全員が招待された。女子に向けて話をするなかで、彼女たちは一人ひとりが文法的な間違いやよくない文章の組み立てに気づき、疑わしい意見に疑問をもち、十分冷静に批判できるのだという気持ちが起こってきた。そして、実際に彼女たちはそのように振る舞った。これは単に思っただけではない。それは事実であった。

しかし、教会における女性の共感性は、あらゆる女性らしい感情のなかでももっとも高尚なものであった。彼女たちは私が成功するように願い、その無意識の感情が、私の心のなかにあった「舞台恐怖心」を吹き飛ばしてくれた。このように人を励ます女性ならではの共感性を、ほかの聴衆からも私は何百回というほど感じてきた。女性演説者は誰もが、意識しているにせよ意識していないにせよ、このような経験をしてきたに違いない。一方で、とくに女性に向けて公の場で演説することは、まだ試みられていない実験であると思えた。このような状況で、女性らしい自発的な手助けを妨げるものは何もないのである。

女性たちがはじめて人前で話しはじめたとき、保守的な女性で自分の信条を「教会では女性は語るべからずという」聖パウロの言葉においている人は、そこに座って周りの人びとと同じように胸をどきどきさせながら、この「聖書の教えを守らない」よくない者であっても本当にみごとな成功を収めるよう、同じ女性としてひたすら願っていた。今日の女性参政権反対論者たちは、女性であることへの挑戦だと思えるような地位にある女性たちに出会うこともできなければ、気が進まないながらも共感性のもつ力で女性を助けることもできず、それは彼らがみずからの息を止められないのと同じくらい確かなことである。もっと昔は、女性の成功は、この共感性によるところが大きかったに違いない。

偏見や疑念、不愉快なあら探しや好奇心のなかにあって、女性の共感性と男性の騎士道的本能は同時に生じる。概してそれらは、もっと粗野な感情を押さえ込むほど力強い。演説者は、自分が聴衆を惹きつけなければいけないことを知っている。そうでなければ、失敗してしまう。というのも、もっとも力の強い人間が演説者として十分なわけではないからである。雄弁さはすばらしい社会的才能であるが、完全な成功という結果を残すためには、ともにいる聴衆が演説者と同じくらい不可欠な存在なのである。

女性が女性全体に尽くす忠誠は、信条や競争や個人的な野心よりはるかに強い。ここ数年、「女性」として演説台に立った人で、自己愛や個人的感情がどれほど深く、どれほど長く続こうとも、それが女性の掲げる目標に対抗するものだった場合、同性のより大きい利益のためには、どんな女性も自分の個人的利益をおさえ込むように思われる。これは、多くを物語っている。というのも、ときおりかなり厳しい試練が待っているからだ。もし、どんな階級の男性でも男性全体に対して非常に画一的なまでに忠実であるなら、私は歴史をそのようには読まなかっただろう。男性は、私たち［女性］のようには共通の目標をもっていない。もし、今後、新しい発展段階のどこかで、ファーンハム夫人[27]の理論が正しいことや、実は男性が女性より劣った存在だとされることに疑いを向け、また、男性に不完全なところはないと証明するために裁判を起こすことでもなければ、男性は同性に対するもっとも高度な共感性、すなわち、特別な社会的本能という広く個人を超えた本能を発達させることはけっしてできないだろう。

IX

この短い論文のなかで、幾度となくブラウン＝セカール博士について言及してきたのは、彼が今日活躍している生理学者のひとりであり、ボストンでの連続講義で、神経系の不思議で魅力的な現象について語っていたからである。それは『ニューヨーク・トリビューン』に掲載され、国中に広まった。私はいちばん最近の講義を聞いて、健康の法則に関する彼の概要が、本章「性別と働き」での私の主張とあまりに一致していることに非常に驚いた。もし私がこの文章を書いておらず、最後の部分以外がすでに印刷されていなかったなら、彼の［講義］「重要な健康法」を無意識のうちに直接書き写してしまったと思ったであろう。しかしいま、私は意識がしっかりした状態で、セカール博士との意見の一致に非常に満足している。彼のすばらしい連続講義の重要な結論部分について深く考察することは、同じレヴェルの権威ある人から、おそらく世界中のすべての人びとにいたるまで、有益なものとなるであろう。

「われわれの身体のしくみに存在するのは、想像の座、感情の座、意志の座である脳に由来する、伝達のための神経の力［エネルギー］だけであるというのは、先にも述べたとおりである」。

「神経の力の産出と消費について、ここで少し議論をつけ加えたいと思う。周知のように、神経の力は血液を通して作り出される。そこで化学的な力が、神経の力へと変化するのである。こうした神経の力は、神経系のさまざまな器官に蓄積され、休息中に形成される。しかし、休息状態が長く続けば、産出は止む。変化は、作動中ではない部分で起こっている。一方で、神経の力の産出に不可欠な活動が長く続けば、神経の力も消耗させてしまうが、休息状態では異なる状態になる。休息状態は、血液の不足をもたらす。過剰な活動は、鬱血を引き起こす。したがって、重要なのは過剰な活動ではなく、十分な活動である」。

「神経系の大きな部分の一つだけ、もしくは二つあるいは三つだけを働かせるべきではないという別の法則がある。なぜなら、われわれがこうした部分だけに血液を取り込んでしまうと、その他の身体の部分が苦しむことになるからである。すべての器官にしかるべき働きをさせることこそ、もっとも基本的な健康法である。周知のように、この見解は医者から出されている。しかし、このすばらしい健康法というのは想像力を放棄するものではない。それどころか、われわれが働かせているよりはるかに大きな想像力が求められている。これは、若い医者が心に留めるよう私が願っている重要な結論のひとつである」。

「これらの重要な健康法についての結論は、収入を超えた支出をすべきではないということである。多くの人が、この過ちを犯している。以前にも述べたが、われわれは自分たちの器官すべてを等しく使い、神経系のさまざまな部分を等しく使わなければならない。脳を働かせる人びとは、この法則に無関心なために非常に苦しんでいる」。

「最後に、食事の時間や活動の時間と量、睡眠時間と量に関して言えば、規則正しさがなければならない。それは、これらすべてにおける規則正しさである。それを身につけるのは、本当に難しい。しかし、われわれの天性には自分では気づいていない力があり、習慣という法則に従うならば、干渉せずとも物事は順調に進み、生まれつきそれとは違う傾向をおそらくもっているにもかかわらず、われわれは完全に規則正しくなるだろう」。

ブラウン＝セカール博士が「女性」については言及せずに、人間全体についてこれらの健康法を提案しているのは確かである。しかし、もし人類の半分を例外として扱うのであれば、彼がその重要な事実を見落としたままでよいということには、けっしてならないだろう。それゆえ彼は、男性と女性のための健康法をひとまとめにして、つぎの一文に要約していると結論づけて間違いない。すなわち、両性にとっての健康法とは、おもに脳を形成している重要な神経系を習慣的かつ適度に活動させることである。

ほかの多くの人びとも、まったく同じ結論に達している。医者の大多数は熟慮のすえに、脳と筋肉をバランスよく働かせている学生は、日雇い労働者よりはるかに健康になるということに、進んで同意するだろう。しかし、労働者自身はおそらく、健康を破滅させる影響という点で、勉強は毒に近いものだと信じている。そして、これは「過剰な頭脳労働」という名誉で優雅な病を、自分たちと学識ある友人たちとで独占していると信じて喜んでいる、勉強好きな多くの人びとにとって、お気に入りの理論であり続ける。それは、健康のために想像力をうまく働かせる前に、徹底的な再構築を必要とする想像力が影響している、明らかな場合である。

「中断型」の［女性の学習］理論は、こうした方面では女性のために何をしているのだろうか。それは不安な母親や臆病な少女の想像によって、健康的に毎日規則正しく一定時間一定量の勉強をすることを明らかな毒に変えてしまい、ひとつの重要な神経中枢［脳］を習慣的に使うことから、勉学を恐れる女性を遠ざけることになっている。その神経中枢を正当に働かせることなく、強健で質の高い健康を回復させる可能性はない。ここで、忘れずにおきたいこととして、クラーク博士は本当に女性にふさわしい頭脳労働があると信じており、彼が真剣に反対していたのは毎日規則正しくおこなう「継続型」の勉強だということである。しかし、「あらゆる規則正しさ」は、良い健康状態にあるすべてのプロセスが「われわれの操作なしに」順調に進むようになり、厳格な「習慣という法則」に従うことによって促される。いずれにせよ、これがブラウン＝セカール博士が教えている健康法であり、反対する勢力に対抗するには十分な教育方針である。

もし、自然が子どもたちの幸福に気を配り、「女性」（つまり母親）に特別な身体構造と機能を与えて、彼女の働きの過不足にかかわらず、いずれかの方向で女性のエネルギーにかかる非日常的な負担に、女性が男性よりはるかに耐えうるようなみごとな適応性を有していることが真実であるなら、女性は「あらゆる規則正しい」習慣を身につけることで、男性をはるかに上回る利益が得られるだろう。また、もし女性が母親という役割の遂行において、その女性の性質のすべての資質や全体にみられる高い順応性が時に厳しい負担を強いるとしても、同様のことが言えるだろう。女性の性質にはわれわれが知っているよりも大きい力が存在し、緊急事態にその力は、多大な有利さをもって女性を助けることができる。すべての重要な神経中枢を毎日規則正しく働かせることによって強くなった女性の体格は、命じるままに働かせることのできる能力をもつようになり、また、女性はすべての力を継続的かつ適度に使うことによって、不健全な機能的障害をまったく起こすことなく、バランスのとれた身体構造を育むことができる。

こうした見解に対して誰かほかの人が異議を唱えようとも、クラーク博士はそれに同調することなく論理的に一貫している。女性の健康を持続させるための特別な備えに関して、彼は事実のいくつかをたしかに受け入れ、ほとんどの人は事実のすべてを疑いもなく受け入れてしまっている。何かに向かって特別な助けとなるものや能力を備えた人が、その準備をしていない人よりも目的を達成できそうにないなどと考えられるのだろうか。それとも、こうした特別な力はほかのすべての力と同じようにかき乱されやすいため、本来は障害の通常の原因として取り上げるべきものなのだろうか。また、その力の持ち主である女性が、一般的な活動であっても運動はしないよう注意を受けた場合、女性の持つ特別な力は彼女たちにとっても、また彼女たちほどは良い資質を授けられていない仲間にとっても、同じように役立つ望ましいものとなっているのだろうか。

健康的な女性の生活で生じるいかなる危機も、神経中枢を規則正しく適度に働かせることは非常に有益であると信じることが、なぜこれほどまでに難しいのだろうか。機能の異常な活動によってすでにきわめて過密状態にある器官が、逆の活動によってかなり改善され、バランスを回復させられることも多くなるだろう。身体のすべてのしくみは、継続的な習慣の秩序ある力によって統制されていく。とりわけ、精神が健全な状態にある場合、疲弊した神経不安をそのままにしたり、苦痛な感覚を大きくさせる時間も衝動も少ないことがわかっている。したがって、こうした問題の正しい側面に想像力を働かせるために、また、「女性」に自分たちは病人になる謂《いわ》れなどないと確信させるために、真理の極みにある哲学はもっとも人間的な生理学と連携をしなければならない。現在、誰もが同情をもって慨嘆するあらゆる種類の女性の病気についての半分以上は、それによって治療されるだろう。

X

適切であれば勉学は、ほかの能力の自然な働きと同様に、「男性」の健康にとっても「女性」の健康にとっても直接的かつ実質的な利益をもたらすと、われわれは確信している。そうであれば、なぜ生徒たちは全般的に貧血状態にあり、筋肉の強さを持っていないのだろうか。

鍛冶屋が台に足を掛け、鉄床に向かってたゆまず働いているあいだ、その場を動かず座っていることを考えた場合、よく知られているように、鍛えられた体の健康を保てるのだろうか。彼の体が徐々に弱っていくまで、彼の腕は不釣合いなほど力強くあり続けるかもしれない。しかし、このまま続けていけば、彼の強靭な右腕は知的職業につく紳士の右腕のように弱くなり、その健康法もおそらく終わりとなるだろう。人間の機能を発揮するには、活動のバランスがある程度必要であり、そうでなければ生命力の低下は避けられない。どのような器官でもそれだけを使うことは、その他すべての器官に少しは役に立つものだったとしても、その他の器官を使わないことの完全な埋め合わせにはけっしてならない。つまり、勉強するだけの生徒も勉強に熱中しすぎる生徒も、強健な身体は望めない。勉学に費やすのと同じ量が、さらなる筋肉の活動で補われるならば、精神的にも身体的にも頑健な状態になるだろう。

このバランスのとれていない活動に、頭脳労働で消耗しきった、まったく将来を考慮しない方法を全般的に加えれば、総量として過剰ではないかもしれないが、それでも無分別におこなうことの影響によって、体質が弱められてしまう。脳が消耗しすぎるまで続けられた勉強は、それを中和する運動をどれほどしてみても、代償にはなりえない。気分転換と休養は、どちらも健康回復の薬とされるが、身体全体の強さを増すものとして役立つわけではない。勉学が適切に配分されてまさに適量となることが、もっとも一般的な方法だと私は信じており、そうでなければ身体の構造全体が衰弱してしまう。一回でまる一日、二四時間以上持続する尋常でない量の食事は、学業において広まっている傾向にたしかに相当するだろう。つぎに、勉学による有害な影響ついて論じたい！

木こりは仕事を何時間続けても、健康を維持できる。しかし、思考という木を切る人は、長時間仕事をするならば危険を覚悟しなければならない。脳は酷使すればするほど、急速に消耗していくのである。それゆえ、よりいっそう休養を頻繁にとらなければならないことは間違いない。雨というのは一定の数時間か何日間か降り続くが、稲妻の光は一瞬である。だが、大気を浄化する作用としてはどちらも効果は等しい。自然界では、かすかな力が数カ月もしくは数年かかって成し遂げるのと等価である以上のことを、数分のうちに成し遂げられる。脳と神経の分子の速い運動が、身体全体あるいは重大な器官の複雑な動きになることは、太陽の光が軌道上にある地球を回転させるのと同じであることを、ただ心に留めておくだけでよい。それによって、ほとんど無意識におこなう手作業よりも頭脳労働をした後のほうが、いかに頻繁に長く休憩を必要とするかを、われわれは理解することになる。どうしても未習のままにしておけない学生や、自分の冴えた考えが混乱状態へ戻っていくことに我慢がならない思索家というのは、なんと可哀相な人であろう！　彼らは、働かずにはいられないことで、むしろ繊細な身体のしくみを疲れ果てさせているのだ。

しかし、われわれのどれかの能力を節度をもって使うことが、その他すべての能力を強化することにならないと想定する、どのような謂《いわ》れがあるのだろうか。自然界におけるあらゆるプロセスは、まさに何かの活動様式である。もし、人間の男性にも女性にも身体構造の調和がみられるとしたら、諸機能を正しく使うこと（その最良の性質は継続的な運動によって保たれる）は、健全な自己啓発のもっともみごとな方法を明らかに示すに違いない。過労は、身体と精神の発達を妨げる。しかし、洗練された習慣的な活動は、それ自体の内に永続的な満足を生むとともに、活動に使ったあらゆる力の確実な回復をもたらすのである。

チェスター大聖堂参事司祭キングズリー[28]のためにニューヨークで催されたパーティーで、ある人が（経験豊富な研究者で詩人のウィリアム・C・ブライアント[29]だったと思うが）、いくつか幸運を祈る挨拶をしたなかで、長寿の恵みがその著名なイギリス人にもたらされるよう願った。キングズリー参事司祭はそれに答え、自分としてはそれ以外のことなら何でも願うと言い、運命である寿命のことを考えないほど勤勉に働くつもりである、と述べた。

彼であれほかの誰かであれ、人が普通に成し遂げることのできる最上の仕事というのは、筋肉と脳の働きを調和させて、堅忍不抜の賜物に成しえたものであるはずなのに、あたかもそうではないかのようである！　また、健康と長命は、身体的にも精神的にも己の力の及ぶ範囲内で、もっとも適切に成し遂げられた最高の仕事に対する報酬のはずだが、あたかもそうではないかのようである！　過重な労働による自殺は、首を吊って自殺することよりはるかに非難されるべきものだ。イギリス国教会の参事司祭の「みずからの身体をかえりみない崇高な」感情も、筋肉的キリスト教[30]として確立しつつある教会の指導者も、どちらにも責めはある。(6)

老いはその哀れな弱さに屈しなければならず、それはどんな人間的な思慮分別をもってしても未然に防げるものではない。しかし、精神的な力のほうが身体的な力よりも前に弱ってしまうことは、惨めである。もし、賢明にして習慣的な運動が、精神的な力を持続し強化するとしたら、そのような惨めなことは起こりえない。これを否定するのは、悪意に満ちた考えであるように思える。八〇歳代の老人を養う食べ物は、幼い子どもの骨格を作り上げる食べ物と同じくらい新鮮でみずみずしいものであり、思考はつねに若く不死である。思考の欠乏は、体を動かす活動の不足によるものである。老いを近づかせず、その弱さに逆らう唯一の望みは、自然と協働することに存在するはずであり、自然は運動や働きという表現形式を通してそのすべての目的に達する。

働きなさい！　働きなさい！　生き続ける人間や動植物にとって、それ以外のところに希望はない。加齢過程が衰えた組織をもっとも完全に維持し、身体的および精神的な活動を低下させ、妨げとなる老廃物を除くというのであれば、この目的のための手段はただひとつ、働くことである。自然界に王道なし。精神のあらゆる能力をもって働き、身体のあらゆる筋肉を使って働くことだ。こうして、永久的および普遍的な若さにもっとも近いものが得られよう。

社会は、恵まれた地位にある妻や娘たちの活動を優しく押さえ込み、とくに目立って活発な活動は、すべて可能な限り弱めてきた。それにともなって増加する病人に、驚かされる。女性たちすべてに、活動しないことは死を意味することを理解させるべきである。自然の法則はわれわれの都合で無視されてはならない。これまでは父なる神が働いてくださっていたのだから、これからはわれわれが働かなければならない。

『脳の形成』について

E・H・クラーク博士の新刊『脳の形成』［一八七四年］[31]は、『教育における性別』［一八七三年］に比べてより新しく進んだ前提に立っている。前回の著作では、彼は女子には学校生活のなかで無為な時間が繰り返し必要だとしていたが、今回の著作では、「体操、長距離の散歩など」、つまり「ダンスや訪問といった日課」で休憩が必要なだけだと主張しており、ふだんの家庭生活や学校生活に「干渉が必要なのは、例外的な場合だけ」だと認めている。この新しい議論の場は、われわれ女性にも広く開かれている。

女性の健康問題を進めていく実践的な方法にさまざまな変更を求めるとき、私はこの新しい立場にみずからを十分かつ確かに位置づけたい。休憩が必要なのは、散歩ならば長距離の散歩でなければならないし、体操ならば激しいか長時間の体操、訪問ならば胸が騒ぐような社交生活（これにはいつも反対の声があがっているが）、ダンスならば長時間のパーティーや舞踏場での娯楽でなければならない。それなら、男女いずれでも広い知識をもった人は、クラーク博士の今回の見解を全面的に支持するに違いない。

これによって長時間に及ぶ過酷な勉強や、疲労困憊するほど長期にわたる学校の試験はすべて軽減され、ほかのあらゆる行き過ぎもなくなるだろう。それらは、女子の健康を損なうものばかりである。しかし、男子の健康をも同じように損なうのではないだろうか。神経過敏なアメリカ人旅行者の多くが、健康のためにと毎年コーロッパに行くが、彼らは男性だろうか、それとも女性だろうか。彼らは、牧師や弁護士、実業家といった男性が多いと聞いている。そこで健康と持久力という問題について、あらゆる側面に影響を及ぼす情報をすべて集め、両性のあいだにみられるものを示してみるとよい。そうすれば、わが国のあらゆる年代の女性について考えたとき、全体として女性は男性に比べて病人が多いわけではないだろうと、私は思っている。もっとも大きな負荷がかかる制度は、学校生活に始まって終わりがないが、こうした制度に反対するクラーク博士のような人が大勢で警鐘を鳴らしてくれるとしたら、われわれ女性は神に感謝するとともに、みな勇気を奮い起こすだろう。

その一方で疑問がわいてくる。ある学習科目が男子にはそれほどつらい負担ではないが、同年齢の女子には健康を害するほどだと立証されるだろうか。ここで理解しておくべきなのは、男子と女子がどのようなテーマでもまったく同じ観点からは取り組まないのと同様に、授業でもまったく同じ方法では学習しないということである。「両性で唯一異なるのは性別だけ」というが、実際はクラーク博士が思っているよりもはるかに多くの差異がある。この両性の差異が血管を流れる血の一滴一滴までも変化させ、人生におけるあらゆる思考と行動をまったく変えてしまうが、手足を傷つけられたり、精神の成長が妨げられるような外からの影響では、男性らしさや女性らしさがわずかに減るだけである。ここまでは、クラーク博士も認めていると思われる。しかし、女性にとって粗野になったり、バランスを崩すことは、男性のようになることではない！　性別は、もっと根源的なもののはずである。つまり、髪の毛一本にいたるまで、あらゆるものに何らかの差異があることを意味している。両性の脳の差異は顕微鏡ではわからないかもしれないが、それでも両性に違いはあるに違いない。そうでなければ、論理に信頼をおくことはできなくなり、すべての生物のいずれかの段階で自然が作用するさまざまな方法が無駄になってしまう。

性別は、身体と精神のあらゆる過程における差異を意味している。そこで問題となるのは、女子が健康を害さずに男子と同等に長時間勉強できるかではなく、女子が健康を害さずに男子と同等に学校の課題を習得できるかということである。それが女子には不可能だとはっきり示されてはおらず、むしろ多くのデータがそれとは逆の状況を直接に示している。

ほとんどの共学校では、平均して女子のほうが男子よりも年齢が低いにもかかわらず、習熟度では男子を上回っている。さらに言うなら、女子のほうが、伝統的なつとめや産業化によって生じる義務など、健康を害するような負担がより多くかかっており、自由で俊敏な活動には大いに制限を受けているのである。だからといって私は、女子も男子と同じだけの戸外運動をおこなうべきだとか、別のエネルギー発散法などを求めるつもりはないが、女子も男子と同じように精神と身体のバランスのとれた活動が必要なのは、疑いようのないことである。教育者たちは、教育方法における自然の差異を理解しなければならない！

男女に同等の結果を求めるという原則にもとづけば、間違いはない。そこで、女子には刺激がそれほどなくてよいとわかっているので、少ない刺激でよい。ふだんから、男子と女子は別々の部屋で勉強し、一同に集まって朗唱をするときでさえ別々である。もし、女子のほうが少ない練習でも実践で同じ器用さを発揮することができ、覚えが速く、諸原理に関して同等の理解に達するためのより直接的な方法を見いだせるとしたら、これらの差異を認めるよく訓練された教師は、女子も自分の求めている生徒として認めるはずだ。このことすべてを問題なく解決するためには、常識の拡大解釈が必要なだけである。女子の浅慮や劣等が非難され、また女性に生来備わっている敏感な洞察力と、品位を欠く「うがった推測」とが混同されているが、そうした女性の知性に対する最近の軽率な攻撃が誠意をもって撤回されれば、発達途上の女子は、喜んで自然な自己の流儀で勉強するだろう。

科学はまだ信頼に足るデータを持ちあわせていないことを、男女とも理解しなければならない。生理学や心理学、衛生学や医学などすべてが同様に、女性の家庭的な特性は別として、女性を男性と混同して捉えている。特性的にも機能的にも複雑さを兼ね備えた女性が、自然界でひとつの型として進化してきたとしても、科学的な知識による解明はまだなされていない。また、もし神が最初に女性を創造したとしても、神学者たちはそれを神の御業《みわざ》とは認めないだろう。女性の高等教育は、長きにわたる結果を航跡として残しているはずである。そこで、あらゆる事実を深く読み取り、古いデータをすみずみまで再考することが大切であり、要するに「女性という人間」(Feminine Humanity)に関する科学という新しい学問分野が必要なのである。そのために時間をかけて丹念に情報を集め、そして、さらに時間をかけて慎重に実践されてきた事実に何か問題となる間違いがなければ、高い信頼をおかなければならない。

女性の経験はこの点において、きわめて優秀な男性たちによる観察を超えるものだと思える。解くべき重大問題について、一般の人びとが正しく理解するようになるまでには、解決に向けて紆余曲折があるに違いない。しかしながら、女性は牛肉や羊肉や野菜に関し男性と異なる調理法を必要としないように、知的な栄養物に関しても異なる種類のものを必要としないという、明らかな第一原理に立ち帰ればよい。ある婦人が私に話しかけ、いつも一人で食事をとっているが、健康維持は難しいと言った。食事の適量をどのように決めればよいか困ってしまうと、彼女は話していた。たしかに食欲は、不確かな基準であることが多い。けれども、彼女が自分以外の六人ほどの人の食べる量を観察していれば、自分の適量がわかるはずである。

そこで、精神面での両性の食事に関していえば、女子が簡単に自分のものにできるものはすべて、男子も健康を害することなく消化できる。しかし、女子の健康を脅かす量は、同年齢の男子にとっても大変な量に違いない。したがって、女子も男子も一緒に勉強して、互いをよく見て評価しあえるようにするとよい。なぜなら自然は、人生の始まりから最終到達点にいたるまで、彼らがともに過ごすよう意図しているのは明らかだからである。

本章を締めくくるにあたって、クラーク博士の新しい議論の中心となっている部分を取り上げたい。もっとも健全でもっとも対照的な脳の形成を一番の関心事にしている点で、私は［今回は］クラーク博士と意見をともにしている。

「男性の脳を形成する方法で、女性の脳も形成される。しかし、脳の構築法がこのように同じであることは、両性のあらゆる器官と機能を、脳の形成の一部として適切に発達させて運動させるよう命じるものであるが、そこにまさしく両性の身体的な差異があって、それ以上のものはない限り、両性の教育における差は当然で、むしろその差は必然なのである」。

科学による試み

共学に関する議論がもっとも高まりをみせたのは、おそらく一八七四年であった。「クラーク博士とモーズリー博士[32]、そして両博士を代弁者とする大勢の保守的な人びとは」、もはやこの議論の主流ではない。今後、共学をテーマにした論説や記事が、新聞や雑誌に多く取り上げられ、それが太い木に生い茂る葉のようになるまで、春が訪れることはないだろう。『アメリカの女子教育』、『性別と教育』、『教育に性差なし』などつぎつぎと出版されているが、これらの本は、あくまでも共学の問題にこれからさらに重大な関心を寄せていくに違いない、熱心な女性たちの著述にとどまっている[33]。

世間の人びとは、『ウェストミンスター・レヴュー』で主張されたつぎの点を直観的に理解して、重要視している。この主張は、大西洋をはさむ両大陸で巻き起こっている議論に対する、もっとも新しくもっとも優れた意見のひとつである。すなわち、「女性医師は、共学という問題に直接関係する具体的で個人的な経験に訴えることができ、そうした女性の経験のほうが医者一般を通じて間接的に得る膨大な推測や情報よりも、重みがあると言って差し支えないだろう。そのうえ、女性医師は同性である女性と親しくうちとけた関係を簡単に築き、この主題を議論できるため、男性医師よりも豊富で多様かつ正確な情報を引き出せる。また、その情報を自分自身の経験に照らして考えるとき、あらゆる面で女性医師は、男性医師より正確に理解することもつけ加えておく必要がある。したがってほかの条件が同じならば、エリザベス・ギャレット・アンダーソン医師[34]やメアリー・パットナム・ジャコービ医師[35]など女性医師の意見は、たしかに女性であることが長所となり、クラーク博士やモーズリー博士の意見に比べて、より正確で信頼がおける」。

女性は、「共学について特別な認識をもっている」。それは経験、つまり次世代の経験によって大部分が検証されるはずであり、共学に寄せる関心がつぎつぎと表面にあらわれてくることはおそらくないだろうが、将来は深く広がり、実質的に少なくなることはけっしてない。教育者は、男女にかかわらず、『ポピュラー・サイエンス・マンスリー』の編集者と同じように、大衆の動向に刺激を受けて、誰もが、つぎのように尋ねるに違いない。いまある不平等は「偶然に生じたもので、取り除くことができる」のかどうか。それとも、「根源的なものでつねに存在し、まさに両性の身体にかかわっている」のかどうか。男性にできて女性にできないことがあるように、男性ができないことで女性にできることもあるはずで、自然が一方の性に、相殺不能な能力の欠如を課しているのか否かをしっかり判断するためには、十分なデータを女性の側からも男性の側からも蓄積しなければならない。

この問題の解決に向けた多くの意見がどれほど貴重なものであっても、それで科学的な決着がつくとは思えない。同じような結論に達する理論家はみな、生理学的仮説にいまだに反対しているからである。『ウェストミンスター・レヴュー』は、「女性の生殖器官は老廃物除去の作用媒体のひとつとして血液を用いる」という理論を否定している。理由は、「［月経のような］自然に起こる出血は、真の分泌とは本質的に異なる」からであるという。しかし、老廃物は呼吸によって除去されないのだろうか。とりわけ身体のシステムが不調をきたした状態において。そしてそれは、真の分泌の本質を備えたものだろうか。呼気に含まれる水分や二酸化炭素は、真の分泌物なのだろうか。

しかし、これ［月経血と呼気がともに老廃物の排出であるということ］は類比によって決められるような問題ではない。それは、化学的分析をきわめて入念に、そして広範囲におこなうことによってのみ、解決するものである。単なる類比によれば、絶え間なく消耗していくシステムの各部分に送り込まれる流れは、システム修復のための物質を届ける一方、特別な器官でもすぐには除去できない「老廃物」（debris）を受け取ることを示しているように思われる。さらに、この類比に従えば、自然は女性の［月経による］出血で、付随的にせよ、不純物を取り除こうとしているという考えにいたるだろう。この考えは女性の側に有利となるものであって、不利益をもたらすものではない。

なかば通俗的でなかば科学的というような議論は、反対の論陣を張るには不利な点が多い。だが、近代科学が女性にしてきた配慮については、女性がその論議の一般的要素、つまり現在の実践的問題の提起に負っていることは明らかである。聖書に女性の地位を共同体のなかで確かなものにさせるよう望むことは、聖書に細々《こまごま》とした家庭の雑務、あるいは世界創造の厳密な過程を解明するよう望むことと同じくらい無益であると、いまでは世間で考えられている。したがって、もし女性がハーヴァード大学に入学を申請するとしたら、「生理学」の名のもとに大学側は丁重に拒否することができる。

また、もしイングランドの女性が政治における特権と責任に関与することを志願するとしたら、国は、最近の哲学者の言葉を借りて「何か変化があってはじめて、われわれは自分たちがいま何をしていたかわかるようになる」と、「心理学」の名のもとに返答するであろう。もし、これが医学的な教育と認識の問題だとしたら、ハクスリー教授[36]は、科学界の頂点に立つ権威ある立場から、つぎのように述べるだろう。優秀な女性が優秀な男性と同等だという証拠はないが、そうした女性は平均より劣った男性には十分匹敵する。また、二つの大陸から自分の結論を導き出し、両性の利益のために語るゴールドウィン・スミス教授[37]は、純粋に実践的見地からその問題を論じている。科学界の人びとの意見は、概してコネチカットの砂岩のなかで見つかった鳥らしき痕跡のように断片的であり、比較と推察によって決定されなければならない。どうやら、彼らは満場一致の結論には達していないようである。

『ポピュラー・サイエンス・マンスリー』の編集者は、ジョン・ステュアート・ミルとハーバート・スペンサーという二人の哲学者を比較して、この傑出した思想家たちが「女性の問題《ウーマン・クエスチョン》」の論じ方で異なっていることに言及している。ユーマンズ教授[38]は、ミル氏なら二〇〇〇年前でも『女性の隷属』[一八六九年][39]を著わしたかもしれないが、一方のスペンサー氏は、近代科学の法則の上にみずからの結論を確立させ、それまでの時代に誰も到達することのできなかったほど先を進んでいる、という指摘をしている。

この批判は、たしかに的を射たものである。しかし、二人の研究者が、実際のところ違う世代に属していることを忘れてはならない。彼らが受けた教育や考え方の癖というものを考えたとき、ミル氏は彼の父親と同じくらい旧式であった。したがって、ミル氏は古い時代の思弁的方法を用いながらも、現代的な結論に達したことにいっそう注目すべきであり、一方のスペンサー氏は現代的な科学的論法を用いて、苔むすほど時代遅れの定説の上に、新たにみずからを基礎づけることに成功したのである。

とはいえ、女性本来の性質と機能に関して最終的に権威をもって決定を下すために、われわれが迷わず探し求めるべきなのは、もっとも厳格で科学的な探究方法である。賛否は別として、女性の身体における無駄のない経済性《エコノミー》に関係するあらゆる問題を、この科学的研究方法にもとづいて解決しなければならない。今日、科学はこの世界にかかわるすべてのものを検証し、さらに次の段階へと進もうとしている。生理学、心理学、政治学など、社会生活に関するあらゆる学問において、科学は審判者としての自然、すなわち、科学的方法によって説明される自然に関するすべての検証に向かっている。この科学的方法こそ、確信をもって訴えたいものである。

しかし、科学はまだ女性の身体構造やその通常の機能を、長期にわたってじっくり研究してきていない。十分かつ丹念に記録されたデータもなく、両性の相対的なエネルギーもしくは持久力を最終的に決定づける研究者もいないのである。科学は、量的にも質的にも十分な事実をもっていない。そうした事実があれば、その厳正さを信じて判断する資格が、科学にはあるはずである。それなのに性別が教育に及ぼす影響を議論するとき、生理学者たちは器官や機能の差異がひと続きの関連したものだと示そうとしない。そして、われわれも当然のことながら、同じ内容で同じ量の勉学であっても、一方の性より他方の性の健康を害するという結論に導かれてしまう。ここに見る限りでは、この結論のもとになっているのは、「高い蓋然性」や先入観以外の何ものでもない。

最新の生理学は、つぎのような想定をしているように思われる。つまり、女性は男性よりも体が小さく、器官の一部が変化し、特別で一時的な機能を備えており、その機能は幾分か異常な活動と同様に、通常の人間のエネルギーから直接差し引かれた状態にあるということだ。男性の型とはかなり違った女性という存在は、変異について研究がされてきたが、その結果、これらを越えたり上回っているものはつねに男性であり、女性は優れているところなどなく、劣った存在だというのである。あたかも養分を出しきったジャガイモが、何ダースという幼芽のもととなる細胞からこそげ取るようにして伸びていく芽によって、さらにしなびてしまうようである。

そのような「生理学」にもとづく「心理学」は、もはや科学的とはいえないのであれば、心理学の分野で高度な理論をうちたてることはできないだろう。それは、権威と結びついている伝統を受け入れるものだ。スペンサー氏の場合、進化論者という性向が強いにもかかわらず、伝統から一歩も踏み出すことはできなかった。彼は、一般的で伝統的な価値判断を受け入れ、けれども大御所らしく哲学的に説明することによって、哲学者としてその伝統に権威づけをおこなっている。つまり、揺らぐことのない科学的根拠であると彼が主張するものの上に、伝統を根づかせようとしているのだ。

ダーウィン氏も、思想の系列としては同じところにいる。つまり、彼も、新しい道を通りながらも古い結論に達し、もうひとつの仮説を守るために忠実な研究をおこなって証拠を積み上げ、そして権威をもってこう述べた。「こうして男性は、究極的にみて、女性よりもすぐれた存在となった[40]」。そして、耳に心地よい言い訳をつけ加えたのである。「実際、形質が両性に等しく伝達される法則が、哺乳類全体において広く働いていたことは幸運だったと言うべきだろう。そうでなければ、クジャクの雄が雌よりもずっと美しく飾られているように、男性のほうが女性よりもずっと心的能力においてすぐれてしまったことだろう[41]」。

スペンサー氏とダーウィン氏という輝かしい名前は、科学の分野で傑出しており、この二人はおそらくいま生きている誰よりも、文明社会の世論に多大な影響を与える思想家である。世界の権威筋から支持されている二人ではあるが、彼らは女性の能力に境界や限界を設けることに加担してしまっている。また、生理学者たちは身体的な限界に理解を示すふりをして、弱いほうの性は生まれつき身体的にも精神的にも、働き続けるには適していないということを、権威をもって世界中に伝えているのである。いまこそ、「抑えきれない女性の問題《ウーマン・クエスチョン》」がすでに新しく科学的に始まっているという事実を、認識するときがきている。これからは、女性みずからも語らなければならない。そうしなければ、彼女たちは永遠に沈黙を守りながら、女性は劣った存在なのだという不当な宣言どおりに、その低い地位に甘んじることになってしまう。女性は自分たちの経験から導いた結果を証拠として出し、さまざまな結論についての科学的根拠を明らかにすることに同意すべきなのである。これには、もちろん女性が非難に立ち向かうことへの同意も、また女性には能力がなく、いまおこなっている仕事にも向いていないという証拠に対して反駁することへの同意も含まれている。ただし、もし自然がそのように命じているのだとしたら、女性は、無力にさせられている位置づけにも、ましてや自分たちが出すぎたために屈辱を味わうことにも同意しなければならない。

しかしながら、屈辱などありえない！　もし、考える犬がいるとしたら、その犬が生まれつき持っている自分の能力を過大評価してしまうかもしれないし、そうしないかもしれない。しかし、考える犬がその能力の正当性を証明しようとすることに対して、尊重しない人間などいるはずがない。敬意をもって評価されたいという考える犬の求めがあまりに大きいために、人間が、軽侮の気持ちをつのらせながらその犬を見るはずがないのである。

女性の精神は敏感で繊細に作用し、より厳格な型である男性の大きさや重さに対してバランスをとっているという考えは、現代文化のなかで自然に発展してきたものである。これを真実とする十分な証拠を提示できる人はほとんどおらず、非常に多くの人がその証拠を、ただ丁寧だが、重要な意味はないと捉えるだろう。しかし、事実は事実として残る。つまり、女性の直観的で愛情深く道徳的な特徴は、非常な速さで男性と比肩する状態に迫りつつあるというのが、今日の一般的な意見である。

大昔から権威をもっていわれてきたのは、男性は身体的にも精神的にも、また法律上も優れた存在であり、それは神がさだめた掟なのだということである。この地位は、獣的な欲求が優勢で、筋力が支配的であった昔の時代には、揺らぐことがなかった。だが、いまや世界中で議論が巻き起こっている。どのような社会でも文化の水準が高いほど、女性は男性と同等であり匹敵する存在だということが認められている。ハーバート・スペンサー氏は、無知で野蛮な時代に上がってきた意見について、反論できそうな証拠を、議論にきわめて効果的に用いてきている。しかし、そのような意見は、もう少し啓発的な時代になれば、疑問が差しはさまれるようになったものであるし、さらに人類が科学と哲学のめざましい進歩のおかげで得た証拠からは正当性を欠くとされる意見である。したがって、女性が劣っているという古いドグマに今日われわれを縛りつけるものがあるとすれば、それはもっとも精選され否定しえない科学的論拠をおいてほかにない。一方の性が他方の性に対して隷属状態にあるのを当然だとする古い理論は、自然による確かな御墨付きをもって示されるべきだ。そうでなければ、等しい半々のものが完全な全体を作り上げていると、われわれは信じ続けなければならない。

クラーク博士が教育に関する最初の論文を出したのと時を同じくして、「婦人慈善協会」(Ladies' Benevolent Associations) という団体は、仕えることを天命とする男性中国人を移入させるという、もっとも実行可能にして人道的な計画を工夫しはじめた。それは、子どもの世話、料理、洗濯、家事といった仕事を、彼ら男性に肩代わりしてもらうためであった! その団体は、こうした新しい制度のもとで育てられた少女たちが母親になっていくだろうと考えていたが、彼女たちが家庭内の雑務という際限のない負担に耐えるよう望んでもかなわないだろう! いまや、この運動はもうおこなわれていない。なぜなら、クラーク博士が『脳の形成』で述べているように、女性はふだんの学校生活や家庭生活で際限のない義務に追われているにもかかわらず、平均的な女性であれば良い健康状態を維持できるということが明らかにされたからである。

最近の世論が大きく変わってきたことに後押しされ、私は固く決心し、思いきってこう述べたいと思う。「女性」は知的に劣っていると科学的データから決めつけている権威ある学者たちは、彼らの仮説に予期せぬ要素が持ち込まれれば、その結論を修正する必要が出てくることがわかるだろう。

そこには、十分な「女性の心理学」(Psychology of Womanhood) というものがないのである。もし、スペンサー氏が『社会学』(*Sociology*) をすべて完成させていたとしても、男性と女性とで費やされるエネルギーの総量が、あらゆる年齢とあらゆる国において、等価な要素となっているかそうでないかを決めるだけの十分なデータを彼が提供しようとした、また提供できたとは言えないだろう。歴史に登場する昔の女性たちについては、ほとんど知られていない。女性の精神生活は、記録されずにきてしまった。それゆえ、女性が行動を起こした動機や影響は、推測でしか捉えることができない。現代の女性でさえ、「心理学」よりも「生理学」によって検証されることのほうが多いはずである。われわれは、心と心を直接比較することはできない。また、男性と女性の知的な仕事が同等の良い条件でなされたと、まず判断をしなければ、両性の知的な仕事を比較して公平に評価することなどできない。しかしながら、こうした条件はいまも存在しておらず、これまでも存在してこなかった。したがって、十分な身体的データを集めることこそ、もっとも早い問題解決の方法となるだろう。なぜなら、精神は身体を通して作用するからである。まず、思考や感情、筋肉の作用、生殖機能で費やされるエネルギーの相対量の見積もりを示し、これらすべての点において、男性と女性に形質上の違いがあるかどうかを比較できる何らかの基準を設けるべきだ。使うべき適切な力と実際に使われている力との関連した能力について、われわれは何らかの評価に到達しなくてはならない。そのようにしてはじめて、両性の身体的特徴と心理的特徴のどちらも科学的に比較するための、おおよその基準が立てられるのである。

男性は女性に比べてつねに優れているという理論がある一方で、女性はつねに男性とまったく等価だという理論もある。男性は考える生き物として、いつも自分の力を最大限有効に使ってきた。一方で、女性は慣習の制約を受け、自分の力が無駄になることに、非常に苦しんできた。どちらの理論が正しいにせよ、「女性は体重の割合からすると、男性よりも二酸化炭素を吐く量が少ない」ために、「進化のエネルギーが絶対的にも相対的にも少ない」という誤った事実を、「生理学的な真実」として科学の名のもとに公表すべきではない。もし公表するのであれば、結果を左右するような他の変更すべき影響がないことを示したうえでなければならない。生理学は身体的な特徴の総計を、心理学は精神的な力の総計を、その評価のなかに含んでいるに違いない。この問題の真の複雑さは完全に理解されるべきであり、それは今を生きる世代、もしくは次の世代において成し遂げられるであろう。

原註および訳註

原　註

（1）"Descent of Man," Vol. II, p. 313.

（2）"English Cyclopaedia."

（3）Vol. I, p. 216.

（4）P. 237.

（5）Vol. II, p. 426.

（6）これは現在出版準備中であり、そこには、キングズリー参事司祭の予言はまもなくすべて実現するとある。過重な労働が、このような悲しむべき結果をもたらしたと言ってよく、わが国では胸部疾患と関係し、また苛酷な社会の風潮にあって運命を決めてしまうような激しい行動を人びとがしている証拠でもある。この出来事は悲しむべきことに、われわれの議論の二点を強調している。

訳　註

［1］　一八世紀のドイツの教育学者ヨアヒム・ハインリヒ・カンペ（Joachim Heinrich Campe, 1746–1818）は、女子教育論において、「男は樫の木であり、女はこの樫の木から力を吸い取って、自分の生命力にする蔦である」と述べて

いる。弓削尚子「『啓蒙の世紀』以降のジェンダーと知」姫岡とし子・川越修編『ドイツ近現代ジェンダー史入門』青木書店、二〇〇九年、五頁。

[2] Herbert Spencer, *Social Statics*, London: J. Chapman, 1851.

[3] Herbert Spencer, *First Principles*, London: Williams & Norgate, 1862.

[4] Herbert Spencer, *The Principles of Biology*, 2 vols., London: Williams and Norgate, 1864, 1867.

[5] Herbert Spencer, *The Principles of Psychology*, London: Longman, Brown, Green, and Longmans, 1855.

[6] Herbert Spencer, "Psychology of the Sexes", *Popular Science Monthly*, 4 (1873): 30–38.

[7] ヨウジウオ科の魚。とくに、タツノオトシゴは育児嚢を持つことで有名。

[8] W・B・カーペンター（William Benjamin Carpenter, 1813–85）は、イギリスの生理学者で、神経学の功績により一八四四年に王立協会会員に選出される。

[9] William Benjamin Carpenter, *Principles of General and Comparative Physiology*, London: J. Churchill, 1841.

[10] J・L・R・アガシ（Jean Louis Rodolphe Agassiz, 1807–73）は、スイス生まれの地質学者、古生物学者で、ハーヴァード大学教授、進化論の反対論者として知られている。

[11] チャールズ・R・ダーウィン（長谷川眞理子訳）『人間の進化と性淘汰II』文一総合出版、二〇〇〇年、一六一頁（Charles Darwin, *The Descent of Man, and Selection in Relation to Sex*, 2 vols., London: J. Murray, 1871）。

[12] 同上。

[13] 同上。

[14] 同書、一六二頁。

[15] 同上。

[16] R・オーウェン（Richard Owen, 1804–92）は、イギリスの生物学者、比較解剖学者で、進化論に反対する立場を貫いた。大英博物館自然史部門の長としての功績から、サーの称号を得た。

[17] A・R・ウォレス（Alfred Russel Wallace, 1823–1913）は、イギリスの博物学者。インドネシアの動物の分布境界線としてウォレス線を特定し、ダーウィンとは独立に自然選択による生物進化論に到達した。

[18] Spencer, "Psychology of the Sexes".

［19］スマトラオオコンニャク（学名 *Amorphophallus titanium (Beccari) ex Arcang*, 英名 *Titan arum*）世界最大の蕾、サトイモ目サトイモ科コンニャク属。

［20］ゴライアストリバネアゲハ（学名 *Orinihoptera goliath procus*）。

［21］E・H・クラーク（Edward Hammond Clarke, 1820–77）は医師であり、一八五五年から一八七二年までハーヴァード・メディカル・スクールの薬物学教授をつとめる。

［22］Edward H. Clarke, *Sex in Education; or, a Fair Chance for Girls*, Boston: James R. Osgood, 1873.

［23］T・W・ヒギンソン（Thomas Wentworth Higginson, 1823–1911）は、アメリカ人牧師、著作活動家、奴隷廃止論者であり、南北戦争に従軍。

［24］M・サマヴィル（Mary Somerville, 1780–1872）は、スコットランド出身、イギリスで科学啓蒙書を数多く執筆。一八三一年に、ラプラスの『天体力学』を英訳。

H・マルチノー（Harriet Martineau, 1802–76）は、一八三二年に『政治経済学の実例』を出版した、女性初の社会学者、ジャーナリスト。

F・P・コッブ（Frances Power Cobb, 1822–1904）は、アイルランドの作家で、動物実験や生体解剖に反対し、女性参政権や財産権を主張したフェミニスト理論家。

［25］L・M・チャイルド（Lydia Maria Child, 1802–80）は、アメリカの女性作家で、奴隷廃止や女性解放運動に参加した。

C・ビーチャー（Catherine Beecher, 1800–78）は、アメリカの教育者で、一八二三年、ハートフォードに女学校を設立した。『アンクル・トムの小屋』を書いたストウ夫人の姉。

C・S・カッシュマン（Charlotte Saunders Cushman, 1816–76）は、アメリカの女優としてマクベス夫人を好演し、ハムレットやロミオなど多数の男性役柄も演じる。

M・ミッチェル（Maria Mitchell, 1818–89）は、一八四七年に彗星を発見した女性天文学者で、アメリカ芸術科学アカデミーやアメリカ科学振興協会の会員に選出され、一八六五年にはヴァッサー大学教授に就任。

エリザベス・ブラックウェル（Elizabeth Blackwell, 1821–1910）は、一八四九年、ニューヨーク州のジュネーヴ医科大学で、女性として初の学位を取得、世界最初の正規の医師資格取得者となった。一八五八年にイギリスで女性初の医師免許を認められる。アントワネット・ブラックウェルにとっては、夫サミュエルの二歳年上の姉。

エミリー・ブラックウェル（Emily Blackwell, 1826–1911）は、一八五四年、オハイオで医学の学位を取得、姉エリザベスとともに一八五七年にニューヨークで女性と子どものための診療所、一八六八年に女子医科大学を設立し、ロンドンでも活躍。

M・L・ブース（Mary Louise Booth, 1831–89）は、アメリカのファッション雑誌『ハーパース・バザー』（*Harper's Bazaar*）創刊の一八六七年から晩年まで編集者をつとめるとともに、フランス作家の作品を数多く翻訳出版。

G・グリーンウッド（Grace Greenwood、本名 Sara Jane Lippincott, 1823–1904）は、アメリカの作家、詩人。また、奴隷解放と女性運動の演説家としても活躍。

[26] C＝E・ブラウン＝セカール（Charles-Edouard Brown-Sequard, 1817–94）は、アメリカやフランスで活躍した医師で、生理学者および神経学者。ハーヴァード大学教授やフランス科学アカデミー会員に選出される。

[27] E・W・ファーンハム（Eliza Woodson Farnham, 1815–64）は、一八五八年、ニューヨークの女性のための権利大会で演説し、また女性の身体に関する著作を多く執筆。Eliza Woodson Farnham, *Woman and Her Era*, New York: A. J. Davis, 1864. 夫は、アメリカの探検家であり作家のトーマス・ジェファーソン・ファーンハム（Thomas Jefferson Farnham, 1804–48）。

[28] C・キングズリー（Charles Kingsley, 1819–75）は、イギリス国教会の聖職者、小説家。ケンブリッジ大学近代史教授やチェスター大聖堂の参事司祭をつとめた。一八四九年に発表したバラッド詩「三人の漁師」（The Three Fishers）の「男は働き 女は泣く運命《さだめ》」という一節はよく知られている。

[29] W・C・ブライアント（William Cullen Bryant, 1794–1878）は、アメリカの詩人、ジャーナリスト。

[30] 一九世紀半ばイギリスに登場した「筋肉的キリスト教」（muscular Christianity）は、信仰を深めつつ肉体を鍛えることも重んじたキリスト教の一教派。

[31] Edward Hammond Clarke, *The Building of a Brain*, Boston: J. R. Osgood & Co., 1874.

[32] H・モーズリー（Henry Maudsley, 1835–1918）は、イギリスの精神科医。Henry Maudsley, "Sex in Mind and in Education", *Fortnightly Review*, new series, 15（1874）: 466–483.

[33] Anna Callender Brackett, *The Education of American Girls: considered in a series of essays*, New York: G. P. Putnam's Sons, 1874. Julia Ward Howe, *Sex and Education: A reply to Dr. E. H. Clarke's "Sex in Education"*, Boston: Roberts brothers, 1874. Mrs. E. B. Euffey, *No Sex in Education: being a review of Dr. E. H. Clarke's "Sex in Education"*, Philadelphia: J. M. Stoddart, 1874.

[34] E・G・アンダーソン（Elizabeth Garret Anderson, 1836–1917）は、一八六五年、イギリス人女性として最初の医師となる。Elizabeth Garret Anderson, "Sex in Mind and Education: A Reply", *Fortnightly Review*, 21（1874）: 582–594.

[35] M・P・ジャコービ（Mary Putnam Jacobi, 1842–1906）は、ニューヨーク女子医科大学教授として、クラーク博士に対する反論を書き、一八七四年にハーヴァード・メディカル・スクールの懸賞論文で第一等を獲得。Mary Putnam Jacobi, *The Question of Rest for Menstruation*, New York: G. P. Putnam's Sons, 1877. 横山美和「十九世紀後半アメリカにおける『科学的』女子高等教育論争の展開」『F-GENSジャーナル』第九号（二〇〇七年九月）、一四五〜一五二頁。

[36] T・H・ハクスリー（Thomas Henry Huxley, 1825–95）は、イギリスの生物学者で、ダーウィンの進化論や不可知論の提唱者として広く知られる。学校教育制度に大きな影響を及ぼす。

[37] G・スミス（Goldwin Smith, 1823–1910）は、イギリス出身で、アメリカのコーネル大学歴史学教授となり、カナダでもジャーナリストとして活躍。

[38] E・L・ユーマンズ（Edward Livingston Youmans, 1821–87）は、アメリカで多くの科学書を執筆し、一八七二年に『ポピュラー・サイエンス・マンスリー』（*Popular Science Monthly*）を創刊。

[39] John Stuart Mill, *The Subjection of Woman*, London: Longmans, 1869（大内兵衛・大内節子訳『女性の解放』岩波書店、一九五七年）.

[40] ダーウィン、前掲『人間の進化と性淘汰Ⅱ』、四〇一頁。

[41] 同上。

訳者解説

飯島亜衣・小川眞里子

生涯と時代背景

本書は、Antoinette Brown Blackwell, *The Sexes Throughout Nature*, New York: G. P. Putnam's Sons, 1875 (reprint edition, Westport, Con.: Hyperion Press, Inc., 1976) の翻訳である。アントワネット・ブラウン・ブラックウェルは一八五三年にアメリカで「最初の女性牧師」となり、その後は執筆家および演説家として活躍した人物で、一八七五年に出版した本書『自然界における両性』は、当時の最新の進化論および生理学を考察し、雌雄の生態から男女の教育論にいたるまでを、一九世紀を生きた女性の立場から論じた注目すべき書物である。

アントワネット・ブラウンは、一八二五年、ニューヨークのヘンリエッタで農場を経営するピューリタンの両親のもと、一〇人兄弟姉妹の七番目に生まれ、信仰に篤《あつ》い家庭で育った。中等教育を終えて数年間教師をした後、二〇歳でオベリン大学女子文学部に入学し、フェミニストのルーシー・ストーンらとともに学び、一年半後に卒業した。オベリン大学は、入学資格に性別や人種の区別を問わないリベラル・アーツ・カレッジとして一八三三年に設立され、一八四一年に三人の女性にはじめて学位を授与するなど、女子高等教育において先駆的な大学であった。それでも当時、女性の私的領域からの逸脱をおそれる伝統的女性観は根強く、家庭における妻としての従順さと母としての献身が強く求められていたのである。オベリン大学でも、女性は将来牧師と結婚して夫とともに海外宣教に赴き、福音を述べ伝えることのできる知的素養と修練が望まれることはあっても、女性がみずから説教台に立つことには強い反対の声があがった。それでも彼女は一貫して牧師になる夢をあきらめず、三年間神学部で学んだ後は講演活動を続け、奴隷制廃止や禁酒運動、女性の権利に関する問題に積極的に取り組んだ。

一九世紀前半のアメリカは、政治的には普通選挙の普及による民主化、宗教的には信仰覚醒運動《リヴァイヴァル》によるプロテスタント各宗派の積極的活動、社会的には産業革命による技術力向上を背景に、女性と社会との関わりに変化が生じ、フェミニズムが台頭してきた時代である。一八四八年にニューヨーク州西部のセネカ・フォールズで開かれた「女性の権利のための大会」は、エリザベス・ケイディ・スタントンによって「すべての男性と女性は平等につくられている」という宣言が出され、女性解放運動の端緒となった。その後もほぼ毎年開かれた女性の権利のための大会で、アントワネットも演説をおこない、一八五三年の世界禁酒会議に代表として参加した際は、男性聴衆の反対によって壇上から下

アントワネット，オベリン大学在学中のころの写真（1846–50年ごろ）
（courtesy of Schlesinger Library, Radcliffe College［Blackwell Collection］）

ろされるという つらい体験もした。『ニューヨーク・トリビューン』の創刊者ホーラス・グリーリーは彼女の演説家としての才能を認めていたが、彼女は小さな教区での伝道に専念する決意を固め、一八五三年九月一五日、ニューヨークにある会衆派のサウス・バルター教会の牧師に叙任され、ここにアメリカで女性初の牧師が誕生した。会衆派教会は個々の教会を基本的組織とし、教会内の委員会の採決によって牧師が選任されるが、彼女を批判する外部からの社会的圧力は大きく、また彼女自身、教義に対する葛藤がしだいに強まったことで体調を崩し、個人的理由から一年たたずに教会での仕事を離れた。その後もキリスト教の信仰を持ち続け、女性の権利に関わる講演活動や科学研究と執筆活動に専念し、後年はユニテリアンの信仰にいたった。彼女は三〇歳で、実業家であった二歳年上のサミュエル・ブラックウェルと結婚したが、彼の姉のエリザベス・ブラックウェルは、一八四九年にニューヨークのジュネヴァ医科大学を卒業し、はじめて医学の学位を取得した女性であり、彼の妹のエミリー・ブラックウェルも同じく医師になった女性である。

一九世紀後半は、女子高等教育への道筋が開かれていった時代であり、一八五〇年にはペンシルヴェニア女子医科大学が設立された[1]。一八六三年にはオリンピア・ブラウンがセント・ローレンス大学の神学部を女性としてはじめて正式に卒業し、ユニヴァーサリスト教会の牧師となり、一八六五年には天文学者のマライア・ミッチェルがヴァッサー大学で女性初の教授に選ばれた。南北戦争終結後、奴隷解放から女性参政権の要求へと運動が拡大していくなか、フェミニストは二つに分裂し、一八六九年にエリザベス・スタントンとスーザン・アンソニーが設立した全米女性参政権協会（ＮＡＷＳ

A）に対して、保守的なアメリカ女性参政権協会（AWSA）が設立された。アントワネットは、オベリン大学時代からの親友であるルーシー・ストーンと義兄ヘンリー・ブラックウェルが立ち上げた後者の団体を支持し、一八七〇年から発行を始めた『ウーマンズ・ジャーナル』にもたびたび寄稿した。

一八六九年に『一般科学における研究』を著わし、一八七五年には『自然界における両性』、一八七六年には『不滅の物理学的根拠』を相次いで出版したことで、科学分野における女性研究者として認められ、一八八一年アメリカ科学振興協会（AAAS）の会員に選出された。その後も、『世界の形成』や『精神と行動の社会的側面』など、ほかに小説もあわせて七冊出版し、九〇歳代まで執筆活動を続けた。

牧師としての教会伝道の場を離れてから、二〇年以上演説および執筆活動に専念してきた彼女だが、生涯を通してキリスト教信仰を捨てることはなかった。一八七八年、夫とともにニューヨークのユニテリアンの教会に入り、のちにニュージャージーのユニテリアン協会設立に関わり、一九〇八年、オベリン大学から名誉神学博士号を与えられている。

ほかのフェミニストが女性の権利と教義内容が相容れないとしてキリスト教から距離を置いていったのに対し、彼女はクリスチャンとしての立場を守り、教会で妻は黙すべきとされる新約聖書のパウロの言葉を再解釈することで、女性が公の場で発言することの正当性を主張した。しかしながら、女性の離婚問題には否定的立場をとり、外見に関してもブルマー型の服装ではなく、長いスカートをはき、装飾のついたボンネット帽を好んでかぶった。こうした彼女の行動には、フェミニストが奇異な目で見られがちであることを意識したうえで、表面的な言動で無意味な誇りを受けることを回避し、女性の活動内容そのものを認めてもらいたいと望んでいたことがうかがえる。

結婚して、家庭の務めと知的活動の両立を果たすなかで五人の娘を育て、長女はメソジスト派の女性牧師に、二人は女性医師に、一人は芸術家になった。一九世紀から二〇世紀にかけてのアメリカで、アントワネット・ブラックウェルという女性演説家および執筆家の活躍を、当時の女性と科学の関係から探っていきたい。

『自然界における両性』について

一九世紀「science」(サイエンス)という用語の確立とともに細分化していった諸科学は、男女の役割をより対照的な関係へと変化させて定義した。解剖学は骨や脳の男女差を解明しようと試み、分類学は哺乳類という用語で女性の授乳行為を際立たせ、とりわけ生物学に登場した「進化論」は「性差」を決定的なものにした。チャールズ・ダーウィンの『種の起源』(一八五九年)や『人間の由来』(一八七一年)、ハーバート・スペンサーの『生物学原理』(一八七〇年、一八七二年)の出版後、進化論をめぐる議論は人間社会の進歩という問題に及び、進化の証として男女の役割分業が是認されていくこととなった。

また、個別の科学研究の成果が他分野に積極的に応用されていくなか、一九世紀半ばにドイツで発見された物理学における「閉じた系のなかのエネルギーの総量は変化しない」という「エネルギー保存則」は、イギリスのウィリアム・B・カーペンター博士によって生理学の分野に持ち込まれた。さらにその「閉鎖系」の内部でのエネルギー変化を根拠に、アメリカのエドワード・H・クラーク博士は『教育における性別』（一八七三年）のなかで、女性の身体に関して思春期および月経時に脳に費やすエネルギーを抑えるべきだという主張を展開した。ハーヴァード大学医学部薬物学教授であったクラークは、医師としての経験にもとづいて、女性が生殖器官形成期に勉学に費やす力は軽減すべきとし、高等教育や共学が思春期の女子に及ぼす悪影響について論じた。

女性の活動が家庭という私的領域に限定され、社会との接点が制限された歴史的背景として、一八世紀末の共和国設立の時代は、経済競争に負けない国家を支える市民を育てるうえで、女性が夫を支え、息子を教育するという「共和国の母」という理念があり、一九世紀は女性に敬虔、純潔、従順を求める「ヴィクトリア的女性観」が広がったこと、そして移民家族に対して白人中流家庭の結婚率および出生率の低下を危惧する社会的風潮があったことがあげられる。そのようななかで、「科学」が客観的事実の理論化という手段で、男性より劣る位置づけに女性を置こうとしたことに強い警戒感を覚えた彼女は、女性の視点から「進化論」と「女子教育論」を再考しようと試みた。彼女は、スペンサー、ダーウィン、クラークなどの科学的業績に敬意を払いながらも男性優位のバイアスを指摘することで、観察者にすぎない男性研究者よりも経験をもとに論じる女性の視点の重要性を訴え、科学的根拠によって女性の本質を追究しようとした。

長女フローレンスを抱いているアントワネット（1857年ごろ）
（courtesy of Schlesinger Library, Radcliffe College［Blackwell Collection］）

一八七五年に出版した『自然界における両性』は、彼女の三冊目の著作で五〇歳のときのものである。全体二四〇ページの半分を第一章「性と進化」が占め、第二章「いわゆる成長と生殖の対立」は『ポピュラー・サイエンス・マンスリー』、第三章「性別と働き」と第四章「『脳の形成』について」は『ウーマンズ・ジャーナル』の論文を転用し、最後に第五章「科学による試み」を書き下ろしてまとめている。表題のとおり、生物の雄と雌から人間の男性と女性にいたるまで二つの性の関係を追究し、「両性の等価性」つまり「男性と女性は異なるがまったく等しい」存在であると論じている。

第一章「性と進化」では進化論の誤った解釈を指摘し、スペンサーが女性の生殖機能を発達の早期停止の原因として「女性を差し引いた状態」に置き、ダーウィンが同性子孫に限った形質遺伝によって「男性の卓越性」を強調した点を批判している。自然の秩序は両性の不平等拡大を防ぐバランス機能を持ち、子どもには両方の親から形質が遺伝すると彼女は説いた。そこで、雄の体格や色彩や強さに対し、雌の機能発達の速さや複雑性や子どもへの愛情の強さを比較して「+」と「−」で等式表にまとめ、無性生物、有性生物、植物、昆虫、魚類、クジラ目（当時、哺乳類とは別の分類項目）、鳥類、草食動物、肉食動物、人間に分類して、総計すれば「両性は生理学的にも心理学的にも等価」だと結論づけている。

また、進化の基本は一大一婦であり、メスは「直接的な栄養」をオスは「間接的な栄養」を子どもに与えているという両性の協力関係を強調した。このように「自然の分業」を男女の性的役割分業に適用した彼女の視点は当時新しく、女性の身体および精神について道徳や倫理から論じるのではなく、科学的事実を根拠にもとづき考察した客観的姿勢を評価することができる。

第二章「いわゆる成長と生殖の対立」では、成長と生殖は同一プロセスの両側面であり、女性は小さい身体に余剰な力を生殖に充当しているとする。女性の血液循環と呼吸がどちらも速いように、「男性はより大きな力をゆっくりと使うが、女性はより少ない力を速く使う」という理論を支持し、エネルギー保存則に「速さ」という概念を加えたこの生理学的根拠をさらに進め、両性の等価理論を強化した。

第三章「性別と働き」は第一章に次いで長く、テーマが重なりあう一〇のエッセイからなる。クラークが『教育における性別』（一八七三年）で生理学的観点から女子高等教育を批判しているのに対し、彼女はみずからの経験と女性の社会的活躍を例にあげ、女性の健康維持には適度な運動と毎日の頭脳活動が不可欠であるとし、共学の重要性を説いている。さらに女性は同性に対する共感性をもって切磋琢磨して勉強に取り組むことができ、規則正しい勉学が可能だと述べている。生理学的に神経システムの働きを考察し、男性は大きさや強さで上回るが女性は複雑さと速さによって「等価な力」を備えているとして、このような等価のなかの多様性という認識を持てば、両性の対称性にこだわる必要はなくなると結論づけている。

第四章「『脳の形成』について」は、クラークが一八七四年に出版した同題著作を引用して、前著に比べ女子の学習機会に一定の理解を示したことを評価し、長時間の過酷な勉強が男女双方の健康に及ぼす重大な影響について指摘している。また、男女の脳の根源的な差異と同様、教育方法にも自然な差異があるべきことを認めたうえで、共学校での女子の学習実践を例に、男子と同じ勉強時間ではなく同レヴェルの課題内容を教える必要性を訴えている。それには、「女性についての科学」という新しい学問分野の確立が不可欠であるとし、複雑な女性の生理機能についての丹念かつ慎重なデータ収集と実証を重要視した。

第五章「科学による試み」では「共学」の是非に関して、現在の男女の学習機会における不平等さが改善可能か、または両性の根源的な差異として当然の結果であるのか否かは、厳格な科学的研究方法によって解明すべき問題であり、その審判者はほかならぬ自然であると主張している。類推や伝統的価値判断のうえに理論を形成している男性科学者に対して、「女性の問題《ウーマン・クエスチョン》」が新たな発展を遂げるためには、女性がみずからの経験にもとづいて科学的根拠を明らかにし、議論の場に立つ必要性を説いている。そして、男性の優位性か両性の等価性かという複雑な問題については、今後、生理学および心理学が解明していくだろうと展望を述べている。

彼女の著作に対する書評が一八七五年の『ポピュラー・サイエンス・マンスリー』に掲載され、一八八一年にアメリカ科学振興協会の会員に選出された理由としては、女性の観点から当時最新の進化論や生理学における問題を追究し、既存の理論や仮説に安易にたよらず、科学的論拠を重要視したその客観性をあげることができる。アントワネット・ブラックウェルは、自然界の分業から数学的手法で両性の協力関係の必然性を説き、またエネルギー保存則に時間的速さという概念を加えた理論を進めることで、女性の生殖機能を再評価した。つまり、当時の男性研究者と同じ科学的手法を用いて、彼らとは逆に、男性と女性が「等価」であるとの確信を持つにいたったのである。両性の差異は認めながらも、個々の特質ではなく全体として等しい能力を持つことを、広い視座に立って証明しようとした彼女の意欲に敬意を払うことができる。

著作のなかで、女性はみずからの身体に関して傍観者ではなく直接の観察者としての役割を十分に果たし、「女性についての科学」の客観的データ収集に協力する責務があると説き、一貫して「男女の等価性」を主張した。彼女は公の議論に加わろうとする女性が誇りを免れえないことは十分に理解しながらも、それ以上に女性自身が科学研究に寄与する使命感を共有するよう強く訴えたことから、この著作は一九世紀の科学書としてだけでなく女性への啓発書としても重要な位置づけにあるといえる。

今後のアントワネット・ブラックウェル研究

最初の女性医師となったエリザベスとエミリーのブラックウェル姉妹は、日本でもその生涯が著作で紹介されているが、一九世紀半ばに女性最初の牧師となった人物が、結婚によってアントワネット・ブラックウェルとして彼女たちの義理の姉妹となり、社会活動や科学研究に積極的に取り組んだことはほとんど知られていない。アメリカでは一九七〇年代以降、女性史が新たな視点から研究されていくなかで、アントワネット・ブラックウェルの本書も再版され、一九八三年に彼女について詳しい伝記がまとめられ、また進化論に対するフェミニストとしての著作の位置づけを論じた論文や、ル

ーシー・ストーンとの五〇年近くに及ぶ書簡をまとめた本が出版されている。(2)

アントワネット・ブラックウェルは、オベリン大学在学中の苦学、女性演説家に対する社会的圧力を経験しながらも、幼少期から抱いていた牧師になる夢をその困難のなかで実現した。信仰上の葛藤からくる体調不良によって教会での伝道活動は断念せざるをえなかったが、それでも信仰を失わずに演説活動および科学研究に取り組み、女性が学ぶこと、社会に貢献することの重要性を身をもって訴えた。しかし、五人の娘の子育てにおいて、彼女自身まったく家庭での苦悩がなかったわけではなく、何人もの女性医師を輩出するブラックウェル家の一員としての重圧を少なからず感じてもいた。また『自然界における両性』の出版は、一八七三年の経済危機による夫の事業失敗の二年後であり、彼女が実質的に家族を経済的に支えていたことを知るとき、ひとりのアメリカ女性としての逞しさ、そして聴衆を前に演説するのと同じように読者に語りかけた彼女の熱心な姿勢が見えてくる。

進化論を取り上げて「白然」の及ぼす影響力を論じる際、彼女は「知的設計《インテリジェント・デザイン》」という用語を用いており、またほかの箇所では、神や創造主という直接的な表現も見られる。彼女は進化論を受け入れながらも、自然選択による自然界の安定性の側面を強調し、つまり至高の存在を意識しながら「両性の等価性」という結論を導いたということができる。アメリカでの進化論に対する反発と受容をめぐっては、科学者の宗教的態度が大きく影響するが、彼女はクリスチャンとして信仰を持ち続けながら自然選択理論を受容し、進化論における男性と女性の位置づけに対して科学的な比較考察を試みたといえよう。

60代のころの写真（1890年ごろ）
（courtesy of Schlesinger Library, Radcliffe College［Women's Rights Collection］）

アメリカにおける進化論の受容に関する古典的研究書、リチャード・ホフスタターの『アメリカの社会進化思想』（一九四四年）には、その当時のアメリカの女性について一言の言及もない。その後、シンシア・イーグル・ラセットの『女性を捏造《ねつぞう》した男たち』（一九八九年）など、フェミニズムによる科学史の捉え直しによって一九世紀後半の性差の科学は様変わりした。当時から女性の身体をめぐっては、男性科学者だけでなく女性自身も科学的論拠を用いて、高等教育の重要性について積極的議論を展開していたことが明らかになるなかで、アントワネット・ブラックウェルの『自然界における両性』は一九七五年の復刊以降再版を重ね、一九世紀後半アメリカにおける進化論とエネルギー保存則の社会的扱いを示す貴重な論考として注目されてきている。

彼女の著作のなかに見られる女性の身体に関する婉曲な表現は、当時の慣習が女性に課した制約として理解すべきであり、いくつか論理的展開とはいえない箇所や繰り返しの多い部分は、説教や講演など聴衆に語りかける際の効果的な方法として用いた、彼女特有の文体であるとも考えられる。また、当時の生物学における理解のなかには、現在の動物の生態学研究からは正しくないものも含まれている。たとえば、彼女は雄ライオンが餌を調達すると考えていたが、子ライオンのために実際に狩りをするのは雌であることがわかっており、彼女が主張するオスの「間接的な栄養負担」理論はライオンにはあてはまらない。したがってライオンの事例を根拠とする限り、女性が「直接的な栄養負担」をすることに対し、男性は料理をして子どもに「間接的な栄養負担」をすべきであるとする独自の議論展開には、少なからず無理が生じる。

こうした両性平等論は、客観的事実から導いた結論というより、彼女にとっての大命題であり、議論を進めていく際の原点であったことは間違いない。しかしながら、男性を主導とする進化論に対して女性の立場から論じ、さらに女性の身体に関してエネルギー保存則にもとづく科学的根拠をプラスに転じさせ、男女共学の教育論へと発展させていった彼女の著作は、一九世紀の「科学と女性」の関係に新たな光を投げかけるものである。

註

（1）ペンシルヴェニア女子医科大学はアメリカ最初の女子医科大学である。日本からは岡見京子が留学し、一八八九年慈恵医院（のちの慈恵医大）婦人科の主任医師として着任。

（2）Elizabeth Cazden, *Antoinette Brown Blackwell: A Biography*, New York: The Feminist Press, 1983; Maria Tedesco, "A Feminist Challenge to Darwinism: Antoinette L. B. Blackwell on the Relations of the Sexes in Nature and Society", in Diane L. Fowlkes and Charlotte S. McClure (eds.), *Feminist Visions: Toward a Transformation of the Liberal Arts Curriculum*, Tuscaloosa, Alabama: University of Alabama Press, 1984, pp. 53–65; Carol Lasser and Marlene Deahl Merrill, *Friends and Sisters: Letters between Lucy Stone and Antoinette Brown Blackwell, 1846–93*, Urbana and Chicago: University of Illinois Press, 1987.

参考文献

有賀夏紀『アメリカ・フェミニズムの社会史』勁草書房、一九八八年。

ジョン・H・ブルック（田中靖夫訳）『科学と宗教——合理的自然観のパラドクス』工作舎、二〇〇五年（John Hedley Brooke, *Science and Religion: Some Historical Perspectives*, Cambridge: Cambridge University Press, 1991）。

マーガレット・ホープ・ベイコン（岩田澄江訳）『フェミニズムの母たち——アメリカのクエーカー女性の物語』未來社、一九九三年（Margaret Hope Bacon, *Mothers of Feminism: The Story of Quaker Women in America*, San Francisco: Harper & Row, 1986)。

レイチェル・ベーカー（大原武夫・大原一枝訳）『世界最初の女性医師――エリザベス・ブラックウェルの一生』社団法人日本女医会、二〇〇二年（Rachel Baker, *Elizabeth Blackwell (1821–1910)*, 1944）。

Elizabeth Cazden, *Antoinette Brown Blackwell: A Biography*, New York: The Feminist Press, 1983.

チャールズ・R・ダーウィン（長谷川眞理子訳）『人間の進化と性淘汰II』文一総合出版、二〇〇〇年（Charles Darwin, *The Descent of Man, and Selection in Relation to Sex*, 2 vols., London: J. Murray, 1871）。

藤本茂夫『アメリカ史のなかの子ども』彩流社、二〇〇二年。

Elinor Rice Hays, *Those Extraordinary Blackwells: The Story of Journey to a Better World*, New York: Harcourt, Brace & World, 1967.

リチャード・ホフスタター（後藤昭次訳）『アメリカの社会進化思想』研究社出版、一九七三年（Richard Hofstadter, *Social Darwinism in American Thought, 1860–1915*, Philadelphia: University of Pennsylvania Press, 1944）。

香川せつ子「十九世紀イギリスにおける女性の医学教育運動」『西九州大学・佐賀短期大学紀要』第二八号（一九九七年）、一一三～一二五頁。

Carol Lasser and Marlene Deahl Merrill, *Friends and Sisters: Letters between Lucy Stone and Antoinette Brown Blackwell, 1846–93*, Urbana and Chicago: University of Illinois Press, 1987.

小川眞里子「進化論とWoman Question」三重大学人文学部文化学科研究紀要『人文論叢』第一八号（二〇〇一年）、一五一～一六〇頁。

――『フェミニズムと科学／技術』岩波書店、二〇〇一年。

――「科学史からみた性差」日本学術協力財団編『性差とは何か』学術会議叢書第一四号（二〇〇八年）、二二一～二四〇頁。

――「科学史からみた『産む性』」『学術の動向』一三巻一号（二〇〇八年四月）、一〇～一五頁。

大西直樹『ニューイングランドの宗教と社会』渓流社、一九九七年。

Maria Tedesco, "A Feminist Challenge to Darwinism: Antoinette L. B. Blackwell on the Relations of the Sexes in Nature and Society", in Diane L. Fowlkes and Charlotte S. McClure (eds.), *Feminist Visions: Toward a Transformation of the Lib-*

eral Arts Curriculum, Tuscaloosa, Alabama: University of Alabama Press, 1984), pp. 53–65.

シンシア・イーグル・ラセット（上野直子訳）『女性を捏造《ねつぞう》した男たち――ヴィクトリア時代の性差の科学』工作舎、一九九四年（Cynthia Eagle Russett, *Sexual Science: The Victorian Construction of Womanhood*, Cambridge, Mass.: Harvard University Press, 1989）。

横山美和「十九世紀後半アメリカにおける『女性』の構築と科学言説――E・クラークの女子高等教育論を中心に」『F-GENSジャーナル』第七号（二〇〇七年三月）、一七三～一七九頁。

――「十九世紀後半アメリカにおける『科学的』女子高等教育論争の展開」『F-GENSジャーナル』第九号（二〇〇七年九月）、一四五～一五二頁。

――「科学言説と『女性』の構築――E・クラークの女子高等教育論をめぐって」舘かおる編『テクノ／バイオ・ポリティクス――科学・医療・技術のいま』作品社、二〇〇八年、四六～五六頁。

弓削尚子「『啓蒙の世紀』以降のジェンダーと知」姫岡とし子・川越修編『ドイツ近現代ジェンダー史入門』青木書店、二〇〇九年、一二～二二頁。

訳者あとがき

二〇〇九年はチャールズ・ダーウィン生誕二〇〇周年、彼の主著である『種の起源』刊行一五〇周年ということで、関係する学会や全国のサイエンス・カフェなどでダーウィンをテーマにさまざまなイヴェントが開催されました。その記念すべき年を経て、ダーウィンの偉大さがいっそう再確認されたといってよいでしょう。

二〇〇九年に向けてさまざまなダーウィン研究が登場しましたが、もっとも注目されたのはエイドリアン・デズモンドとジェームズ・ムーアによる『ダーウィンの神聖なる大義』（*Darwin's Sacred Cause*. 矢野真千子ほか訳『ダーウィンが信じた道——進化論に隠されたメッセージ』日本放送出版協会、二〇〇九年）です。彼らは、ダーウィンを進化研究に駆り立てた原動力が彼の奴隷制度に対する激しい憎悪に由来することを、膨大な資料から検証したのです。ダーウィンの人道主義的側面を前面に押し出した研究として注目され、二〇〇九年にブダペストで開催された国際科学史技術史会議でも、ムーアの記念講演は格別の人気を集めました。

そうしたヒューマニズムの意識に燃えたダーウィンですが、女性の能力について並々ならぬ差別意識を持っていたことはほとんど話題にはされませんでした。黒人に対する差別意識を乗り越えたダーウィンにも時代的制約はあったのです。彼のヴィクトリア時代の紳士としての限界は、一九八〇年代からある程度知られ論じられてきています。しかし、一九世紀の後半にフェミニズムの観点から進化論を再考し、当時の女子教育に関する通念に果敢に挑んだアメリカ女性の論考は、ほとんど知られていません。

ブラックウェルの生物学上の知識は完全ではありませんが、男女が平等に創造され、等しく進化してきたはずだという彼女の信念はきわめて明確かつ強固なものです。男性と同等の女性の普遍的価値について科学的な承認を得るべく、全力を挙げて取り組んだ彼女の論考をこうしてご紹介できることを嬉しく思います。

著者については解説を付けましたので、ここでは翻訳の経緯について少し記してみたいと思います。本書に出会ったのは二〇年ほど前のことです。ロンダ・シービンガー著『科学史から消された女性たち——アカデミー下の知と創造性』(工作舎、一九九二年)の翻訳に取り組んだことがきっかけとなって、少しずつ女性科学者に関心を広げつつあった私は、エリザベス・ブラックウェルやアントワネット・ブラックウェルのことを大学の演習の時間に取り上げたりしていました。ゼミの学生でこの両者に興味をもった南川恵美さんと矢後陽子さんが、それぞれ前者と後者を卒論のテーマとすることになり、二人の学生の熱意に押されて、私も関係する資料収集をしました。彼女たちは、当時日本では珍しかったブラックウェル義姉妹に関する資料を折り込んだ立派な卒論をまとめ、就職し、現在はお二人ともご結婚され、ともに二児のお母さんです。

数年前から、ダーウィンの記念すべき年に合わせてなんとか翻訳が出版できたらと考えはじめました。しかし、勤務校のほうで実際の女性研究者支援のプログラムが始まってしまいますと、一九世紀は遠く、否応なく仕事は延び延びになってしまいました。矢後さんは頑張ってくださったのですが、その後は翻訳の仕事はしていらっしゃらないので、ちょっと相談というわけにもいきませんでした。どうしたものかと思っていた矢先、メアリー・サマヴィルなどブラックウェルたちと同じ一九世紀の女性研究者に関心をもつ飯島亜衣さんがお手伝いくださることになり、法政大学出版局のウニベルシタスの一冊に入れていただけるということで、目標が定まったのでした。

しかし、アントワネットの文体は省略が多く、コンマやコロン、セミコロンで延々と文章を引き延ばすうえに、その時代の女性特有の婉曲的な表現ともあいまって、大変にわかりにくく泣かされました。彼女の真意を明確にするためには、訳出により多くの時間がかかってしまったことで、編集を担当して下さった勝康裕さんのご理解ある熱心な対応に救われました。記して感謝申し上げます。

本書で見ていただきたいのは、科学者がいつの時代にも真理を指し示していたわけではないことです。いちど方向を誤ると、科学を根拠にしているということで、かえって被害を大きくすることもあります。女子の教育について、エネルギー保存則にもとづいて考えれば、出産育児の責任を負う女性は、思春期にはエネルギーの浪費を避け将来に向けて蓄えておかねばならないというのです。今日からみると信じがたいことですが、身体的休息のみならず頭も休めて、無為に過ごすことが奨励されたわけです。これに対し、アントワネットはこの無為に過ごすことの弊害を熱心に説いています。さらに、女子には高等教育を有害とする意見に対しては、そのころに誕生しはじめた女性医師たちも、自分自身の身体の状況に照らして大いに反論しました。

こうした先人の苦闘のなかから、今日ようやく女性研究者に対してさまざまなエンカレッジがおこなわれるようになってきたことは、とても喜ばしいことです。男女共同参画社会の実現に向けてさらなる前進が図られ、ブラックウェルが願っていたような両性の協力によってよりよい未来が開かれることを期待したいと思います。

小川　眞里子

二〇一〇年四月

アントワネット・ブラウン・ブラックウェル（**1825–1921** 年）略歴

年月日	事　　項
1825. 5.20	0 歳：アントワネット・ルイーザ・ブラウン（Antoinette Louisa Brown），ニューヨーク州ヘンリエッタ（Henrietta）に生まれる
1838.	13 歳：初等教育を終え，モンロー・アカデミー（Monroe Academy）で学びはじめる
1846. 春	20 歳：オベリン大学（Oberlin College）女子文学部（Ladies Literary Course）で学ぶ。ルーシー・ストーン（Lucy Stone）と出会う
1847. 8.	22 歳：オベリン大学神学部で 3 年間学ぶ
1848.	ニューヨーク州セネカ・フォールズで「女性の権利のための大会」開催
1853. 春	27 歳：サウス・バルター（South Bulter）教会で牧師（pastor）として働きはじめる
9.15	28 歳：女性としてはじめて牧師（minister）に叙任される
1854. 7.	29 歳：サウス・バルターでの職を離れる，その後は講演活動を続ける
1855.	30 歳：『ニューヨーク・トリビューン』誌に寄稿
1856.	サミュエル・ブラックウェル（Samuel Blackwell）と結婚
1861–65.	南北戦争
1869.	44 歳：『一般科学における研究』（*Studies in General Science*）
1871.	46 歳：『島の隣人』（*The Island Neighbors*）
1873.	48 歳：女性の地位向上協会（AAW）設立
1874.	49 歳：ニューイングランド女性クラブで演説をおこなう 「家庭に関係する務め」（“Work in Relation to the Home”）
1875.	50 歳：『自然界における両性』（*The Sexes Throughout Nature*）
1876.	51 歳：『不滅の物理学的根拠』（*The Physical Basis of Immortality*）
1878.	53 歳：ユニテリアン協会に所属
1881.	56 歳：アメリカ科学振興協会（American Association for the Advancement of Science）会員に選出
1893.	68 歳：『個体性の哲学』（*The Philosophy of Individuality*）
1902.	77 歳：『潮流』（*Sea Drift*）
1908.	83 歳：オベリン大学名誉神学博士となる
1914.	89 歳：『世界の形成』（*The Making of the Universe*）
1915.	90 歳：『精神と行動の社会的側面』（*The Social Side of Mind and Action*）
1921.11. 5	96 歳：ニュージャージーで死去

出典：Elizabeth Cazden, *Antoinette Brown Blackwell: A Biography,* New York: The Feminist Press, 1983, pp. 301–304 より作成。

ブラックウェル家系図

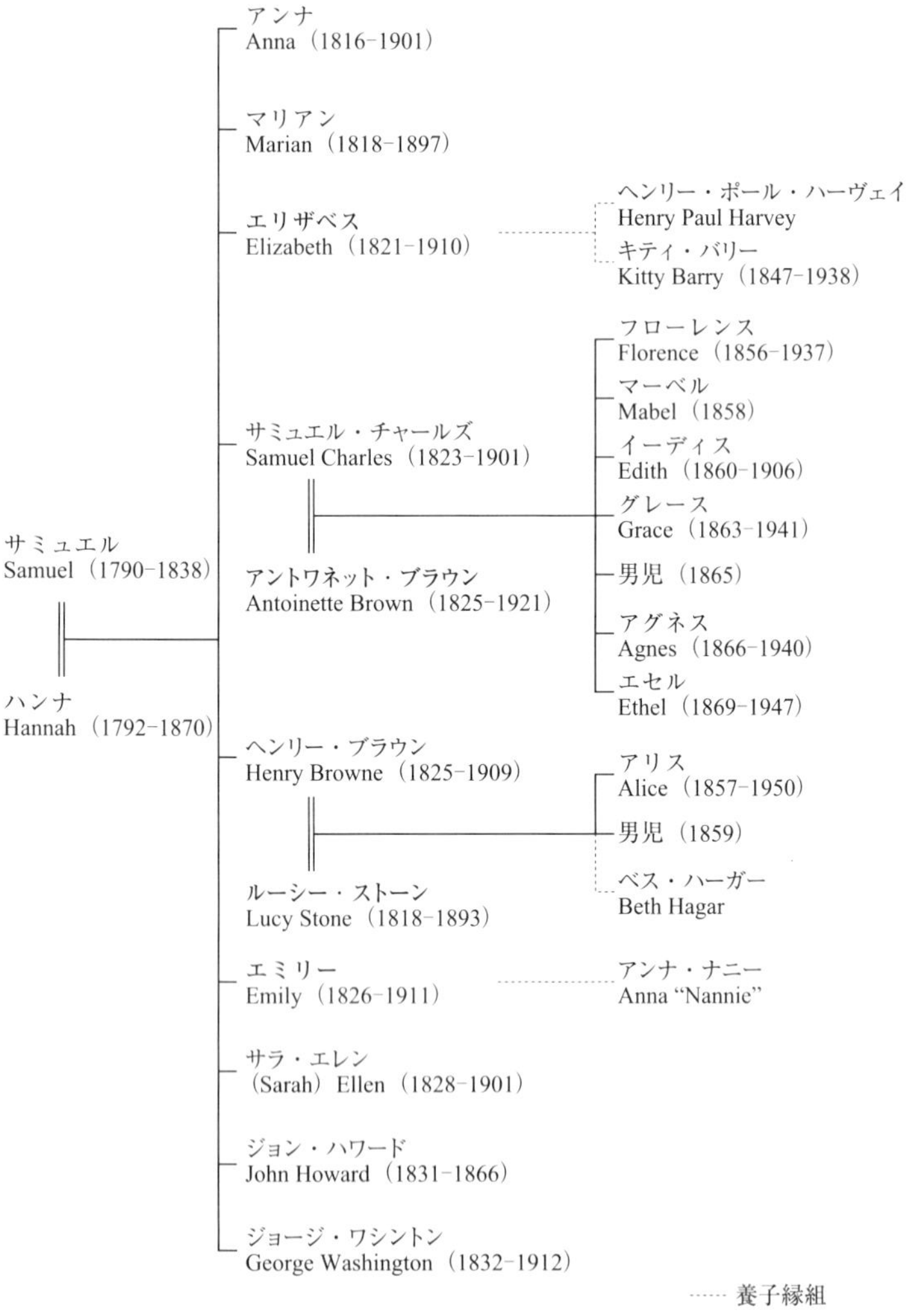

出典：Elizabeth Cazden, *Antoinette Brown Blackwell: A Biography,* New York: The Feminist Press, 1983, p. 306 より作成。

複婚 polygamy　57, 58
ブース，メアリー Booth, Mary Louise　116, 178
付属物 appendage　10, 36, 52–62
ブライアント，ウィリアム Bryant, William Cullen　151, 178
ブラウン，オリンピア Brown, Olympia　184
ブラウン＝セカール，シャルル＝エドアルド Brown-Séquard, Charles-Édouard　118, 123, 143–46, 178
ブラックウェル，エミリー Blackwell, Emily　116, 178, 184, 192
ブラックウェル，エリザベス Blackwell, Elizabeth　116, 177, 184, 192, 197
分化 differentiation, differentiate　4, 11–15, 19–29, 61, 67, 81–87
分割線 dividing line　22–24
分業 division of labor, work　17, 20, 24, 27, 28, 30, 186, 189
分配 distribution　68, 74, 121
分離 separate　25, 29, 93
分裂 disintegration, divide　29, 92–94
変異 variation, vary, variety　18, 20, 27, 54, 58, 59, 61, 64, 76, 80–88, 169
母性本能 maternal instinct　45, 57
哺乳類 mammal, mammalia　14–17, 22, 46, 50–53, 63, 81, 95, 128, 186, 189
『ポピュラー・サイエンス・マンスリー』 *Popular Science Monthly*　v, 165, 167, 179, 189, 191
ホフスタター，リチャード Hofstadter, Richard　193, 194, 197

［マ　行］

マルチノー，ハリエット Martineau, Harriet　116, 177
ミッチェル，マライア Mitchell, Maria　116, 177, 184
ミル，ジョン・ステュアート Mill, John Stuart　78, 167, 168, 179
無為 dawdling, idleness,　77, 103–09, 156
無機的 inorganic　19, 20, 26, 65–67
無性 asexual, sexless　28–31, 34, 189
無脊椎動物 invertebrate　14, 23, 40
モーズリー，ヘンリー Maudsley, Henry　164, 165, 178

［ヤ　行］

有機的 organic　8, 19, 20, 25, 26, 33–37, 66, 77
有性 sexual　30, 34, 189
有胎盤哺乳類 placental manmal　17, 22
有袋類 marsupial　16, 17
ユーマンズ，エドワード Youmans, Edward Livingston　167, 179
養育 nurture, nourishment, child-bearing　51, 75, 93, 96, 98
余剰（分）extra, surplus　40, 48–52, 58, 63, 64, 70, 82, 92, 95

［ラ　行］

ラセット，シンシア Russett, Cynthia Eagle　195, 198
陸上生物　17, 23, 46, 50–53, 58
老廃物 debris　121, 152, 165, 166

47–50, 59, 63–64, 71, 81, 84, 91–99, 128, 132, 165, 173, 187–91
性選択 sexual selection 9, 17, 38, 42, 55, 66
生理学 physiology 8, 12–16, 37, 46–52, 60, 69–71, 92–131, 143–48, 165–74, 189–91
生物の「体系《システム》」system 5, 7, 15, 33
脊椎動物 vertebrate 22
装飾 ornament 9, 14, 35–36, 40, 54–67
草食動物 hebbivora 17, 36, 41, 44–46, 53, 58–59, 189
創造主 Creator, creative fatherhood 124
　特殊創造説 creation theory 8

[タ　行]
第一次性徴 primary sexual character 15, 18
第二次性徴 secondary sexual character 15, 18, 33, 45, 50, 59, 62, 63
対立 antagonism, opposition v, 13–29, 68, 72, 91–99
ダーウィン，チャールズ Darwin, Charles R. 5–12, 17, 33, 38, 40–43, 49, 55–66, 169, 170, 175–79, 186, 187, 197
力《エネルギー》 force 4, 9, 10, 13, 33, 44, 52, 93, 98, 144
　——の保存（則）conservation of force 33, 60, 186, 187, 190, 191, 195–96
チャイルド，リディア Child, Lydia Maria 116, 177
中性 neuter 30, 96
調整 adjust, adjustation, adjustment 8, 11, 19, 33, 62, 64, 90, 95, 99, 104, 111, 129
　自動調整力 self-adjusting force 8
鳥類 birds 14–16, 21, 23, 35, 40–43, 54–67, 80, 95, 189
直観 intuition 78–80, 123–25, 171
適応 adaptation, adapt 13, 14, 21–24, 30, 32, 39, 49–54, 62, 69–73, 83–84, 122, 126
デザイン Design 39
　知的計画《インテリジェント・プラン》 intelligent plan 39
　知的設計《インテリジェント・デザイン》 intelligent design 96, 193
等価（性）equivalent, equivalence 4–11, 16–28, 34–45, 56, 69, 73–77, 95–97, 124–32, 173, 189–92
同化 assimilation 16, 25, 28, 74, 83, 92, 94, 120
統合 integration 68, 92–94
洞察力 insight 11, 37, 86, 159
等式 equation 5, 33–37
同質（性）homogeneous 12, 19, 24, 45
道徳 moral 11, 37, 68, 88, 89, 102, 107, 119, 121–25, 132, 134, 140, 171, 189

[ナ　行]
肉食動物 carnivora 17, 36, 44–45, 58–59, 63, 189
『ニューヨーク・トリビューン』*New York Tribune* 143, 184
熱 heat 42, 64, 65, 128, 129

[ハ　行]
排出 eliminate, reject 27, 66, 70, 94
ハーヴェイ，ウィリアム Harvey, William 85
ハクスリー，トマス Huxley, Thomas Henry 167, 179
爬虫類 reptile 21, 23, 49, 50
発生 genesis 12, 30, 92
反作用 reaction 19, 20, 26, 94
ヒギンソン，トマス Higginson, Thomas Wentworth 113, 114, 177
ビーチャー，キャサリン Beecher, Catherine 116, 177
ファーンハム，エリザ Farnham, Eliza Woodson 143, 178

キリスト教　vi, 151, 181–86
キングズリー，チャールズ Kingsley, Charles　151, 175, 178
均衡 equilibrium　10, 13, 18, 23–29, 32–37, 45–51, 62, 77, 83
　自動的—— moving equilibrium　13, 18, 25, 49
クジラ目 cetacea　35, 50–53, 189
クラーク，エドワード Clarke, Edward Hammond　102–13, 120, 133, 146, 147, 156–65, 172, 177–79, 187, 190, 198
グリーンウッド，グレース Greenwood, Grace　116, 178
結合 union, unite, combination, conjunction　12, 13, 18–28, 33, 40, 68
綱 class　14, 21–24, 29, 43–46, 74, 95
好戦性 pugnacity, warlike, quarrelsome　35–36, 59, 62
コッブ，フランシス・パワー Cobb, Frances Power　116, 177
昆虫 insect　14–15, 23, 29–31, 34, 38–45, 61, 67, 70, 80, 189

［サ　行］
再結合 reunion　25, 29, 69
再調整 re-adjustment　18, 33, 93
最適者生存 survival of the fittest　17, 19
再配列 re-arrangement　13, 26
再分配 redistribution　12, 13, 69, 84
サマヴィル，メアリー Somerville, Mary　115, 177
左右対称性 symmetrical　64, 67
作用 action　10, 18–20, 26, 32, 94–95, 102, 104
産出物 product　25–29, 34–37, 94
　産出 production　92, 93, 144
持久力 endurance　11, 37, 61, 118, 157
自然選択 natural selection　8, 17, 19, 24, 32, 45, 70, 73, 95, 96, 128, 193
持続性 persistency　104
四足類 quadreped　15, 23, 42, 53
子孫
　——の創始 initiation, genesis of offspring　40, 59
　——の保護 preservation of offspring　40, 59
ジャコービ，メアリー Jacobi, Mary Putnam　165, 179
周期性 periodicity, rythmical　71, 103, 104, 109, 126
集合 mass　20, 93
集合体 aggregation, aggregate　19–21, 28, 29, 34, 65
雌雄同体 hermaphrodite, bisexual　24, 25, 31
循環 circulation　25, 37, 38, 72, 85, 97, 121, 122, 124, 126, 190
消費 expenditure　16, 25, 44, 48, 92, 95
植物 plant, vegetable　9, 13, 16, 22–37, 43, 46, 48, 64, 76, 95, 96, 152, 189
女性の問題《ウーマン・クエスチョン》 Woman Question　112, 127, 167, 170, 191
進化論（者）Evolution, evolutionist　5–6, 33, 39, 80. 90, 169, 176, 179, 186–89, 195, 197
心理学 psychology　7, 12, 37, 46–51, 56, 60, 69, 93, 112, 138, 140, 167–74, 189, 191
スタントン，エリザベス Stanton, Elizabeth Cady　182, 184
ストーン，ルーシー Stone, Lucy　182, 185, 192
スペンサー，ハーバート Spencer, Herbert　5–13, 18, 28, 32, 54, 78, 82, 92–95, 167–73, 176, 186, 187
スミス，ゴールドウィン Smith, Goldwin　167, 179
聖書 Bible　142, 166
生殖 reproduction　v, 6–9, 13–17, 27–31,

人名・事項索引

［ア　行］
愛情 affection, love
　親の―― parental love　34–37, 40, 50, 51, 59
　性的―― sexual love　34–37, 40
アガシ，ジャン・ルイ Agassiz, Jean Louis Rodolphe　40, 68, 176
アンソニー，スーザン Anthony, Susan　184
アンダーソン，エリザベス Anderson, Elizabeth Garret　165, 179
異質（性）heterogeneous　13, 19–24, 90
一妻多夫 polygamy　45, 57
一夫一婦 monogamous　17, 90, 96, 189
一夫多妻 polygamy　55, 57, 58
遺伝 inherit, inheritance, hereditary, transmit, transmission　10, 18, 48, 60–64, 76, 80, 88, 99, 189
移動 locomotion　38, 48, 54
色（彩）color　9, 10, 17, 34–37, 40–43, 55, 62–67, 189
『ウェストミンスター・レビュー』*Westminster Review*　164–66
ウォレス，アルフレッド Wallace, Alfred Russel　55, 176
『ウーマンズ・ジャーナル』*Woman's Journal*　v, 185, 189
栄養
　間接的な―― indirect nurture, nutrition, sustenance　17–18, 24, 36–40, 73, 74, 189, 195
　直接的な―― direct nurture, nutrition, nutriment, sustenance　16–18, 24, 36–40, 63, 73, 189, 195
オーウェン，リチャード Owen, Richard　52, 176

［カ　行］
科 family　22, 46
海棲生物　23, 46–53
獲得形質 acquired character, acquirement　17, 20, 42
カッシュマン，シャルロット Cushman, Charlotte Saunders　116, 177
活動性 activity　10, 17, 24, 33–37, 40–56, 64
カーペンター，ウィリアム Carpenter, William Benjamin　16, 54, 92, 176, 187
神 God, Deity, Divine, He, Father, Omniscience, Omnipotence, Heaven　68, 102, 112, 115, 124, 125, 128, 131, 152, 157, 159, 171
拮抗状態 tension　19, 20, 25–28, 66
機能の分担 division of function　26–29, 41, 53, 69
共学 co-education　102, 112, 114, 132–39, 158, 164–65, 172, 187, 190, 191, 196
共感性 sympathy　87, 125, 138–43
協働 co-operation　18, 21, 25–28, 39, 67, 68, 85, 86, 152
極性 polarity　19, 25, 26
魚類 fishes　14, 16, 23, 35, 44–53, 67, 189

《叢書・ウニベルシタス　936》
自然界における両性
雌雄の進化と男女の教育論

2010年 6 月 7 日　初版第 1 刷発行

アントワネット・B. ブラックウェル
小川眞里子・飯島亜衣 訳
発行所　財団法人 法政大学出版局
〒102-0073 東京都千代田区九段北3-2-7
電話03(5214)5540 振替00160-6-95814
印刷：三和印刷　製本：誠製本

Printed in Japan

ISBN978-4-588-00936-5

著 者
アントワネット・ブラウン・ブラックウェル
(Antoinette Brown Blackwell, 1825–1921)
1825年，ニューヨーク州ヘンリエッタに生まれ，ピューリタンとして育つ。中等教育を終えて数年間教師をした後，20歳でオベリン大学に入学。3年間神学部で学んだ後は講演活動を続け，奴隷制廃止や禁酒運動，女性の権利に関する問題に積極的に取り組んだ。1853年，アメリカ初の女性牧師となる。アントワネット・ブラックウェルは『ウーマンズ・ジャーナル』をはじめ多くの雑誌にも寄稿し，1881年，科学分野における女性研究者として認められ，アメリカ科学振興協会（AAAS）の会員に選出された。本書『自然界における両性』のほかに小説もあわせて7冊出版し，90代まで執筆活動を続けた。なお，アメリカ初の女性医師エリザベス・ブラックウェルおよびフェミニスト運動家ルーシー・ストーンはともに義姉。

訳 者
小川 眞里子（おがわ まりこ）
三重大学人文学部教授，お茶の水女子大学ジェンダー研究センター客員教授。専攻は科学史。
単著：『フェミニズムと科学／技術』（岩波書店，2001年）；『甦るダーウィン』（岩波書店，2003年）；*Robert Koch's 74 days in Japan,* Kleine Reihe, Heft 27, Mori-Ogai-Gedenkstätte der Humboldt-Universität zu Berlin, 2003
共訳：ピーター・ボウラー著／小川眞里子・財部香枝・森脇靖子・桒原康子共訳『環境科学の歴史』Ⅰ＆Ⅱ（朝倉書店，2002年）；ロンダ・シービンガー著／小川眞里子・弓削尚子共訳『植物と帝国』（工作舎，2007年）

飯島 亜衣（いいじま あい）
上智大学大学院文学研究科教育学専攻博士後期課程，2006年3月満期退学。専攻は教育学。
共訳：ヘルガ・リューブザーメン＝ヴァイクマン編著／小川眞里子・飯島亜衣共訳『科学技術とジェンダー——EUの女性科学技術者政策』（明石書店，2004年）；ニコル・ドゥワンドル著／小川眞里子・飯島亜衣共訳「ヨーロッパの科学研究におけるジェンダー平等の推進」舘かおる編著『テクノ／バイオ・ポリティクス——科学・医療・技術のいま』（作品社，2008年）